「バズる記事」には
この1冊さえあればいい

Super Writing Encyclopedia
Azuma Kanako

ライティング
大全

東 香名子

プレジデント社

【バズ（buzz）る】

SNSを介して口コミで話題になること。語源は、英語の「buzz」に由来。「buzz」には「ブンブン飛ぶ」「ガヤガヤ言う」といった意味がある。バズると、「いいね！」やリツイート数、シェア数が激増し、多くの人がその文章（記事）を目にすることになる。Twitterで数多くのリツイートがなされているのはその典型例。その他、投稿した記事が、ウェブメディアで総合ランキング1位を獲得するなどの現象も「バズる」と表現する。

<注>本書にある「記事」とは、ウェブメディアで目にする記事のみならず、ブログやnote、Twitter、FacebookなどのSNSに投稿する文章全般を指します。「メディアやブログに投稿した文章を、たくさんの人に読んでもらいたい」という人も、「自分がこれだと思う文章をなかなか書けない」という人も、広く活用していただける内容になっています。

SNSに文章を書いたら、できれば多くの人に読んでもらいたいですよね。今やブログ、note、Twitter、Facebook、Instagramなど、自分の考えを自由に発信できる世の中です。

ところが、私のもとには「頑張って書いて投稿しても、反響が少なくて……」という相談が絶えません。

ではなぜ、思うような反応が得られないのでしょうか？

突然ですが、次の2つの文章を読んでみてください。

> A……連休中、家でゴロゴロしていたら、3キロも太ってしまった！　マジ、ショックなんだけど！　急いで痩せる方法を探した結果、「毒出しスープ」に行き当たりました。
>
> B……「毒出しスープ」を毎朝飲む。これが、太りづらい体を作る私の絶対条件です。

どちらのほうが、続きを読みたくなりますか？

おそらく、Bを選んだ人が多いと思います。

2つの文章は、一体どこが違うのでしょうか。

なぜ、2つの文にはほぼ同じ内容が書かれているのに、Bのほうがもっと先を読みたくなるのでしょうか？

その秘密こそ、「テンプレート＝型」にあります。

「モテたい」「信頼を得たい」と思ったら、身なりを整えたり、モテると言われる髪型にしたり、立ち居振る舞いを工夫したりしますよね。

文章も同じです。
バズる文章には、「型」があります。その「型」を知り、実践するだけで、SNSの閲覧数に大きな差が出ます。
バズる＝真似ると言っても過言ではないのです。

お金をかけずにPV数を650倍にした私の方法

まだメジャーなマスメディアがウェブメディアに本格的に参入していない頃、私はある女性ニュースサイトの編集長に就任しました。当時の月間PV（ページビュー／ウェブサイトのページの閲覧数）は1万。しかし、ウェブサイトは、記事を読んでもらえてナンボの世界です。

私は少しでも多くの読者に記事を読んでもらえるよう、独学で「人気記事」の研究を始めました。人気記事でいいなと思ったところをメモしていくという、地道で孤独な作業です。
最初は「バズっている記事は、旬のテーマを扱っているだけだろう」と思っていましたが、いろんな記事を読みあさるうちに、それだけではないことに気がつきました。

バズる記事には、書くテーマのチョイスもさることながら、書き方や言葉の選び方などに、しっかりとした「型」が存在していたのです。その「型」を編集部のメンバーで実践した結果、コストをかけず、テクニックのみでPV数を650倍に伸ばすことに成功。広告の売上も、数千万円規模に増やすことができました。

　その後私は、フリーの編集者兼コラムニストとして独立し、現在は、一流メディアで定期的に記事を執筆しています。
　趣味の鉄道の記事では、「東洋経済オンライン」「文春オンライン」「プレジデントオンライン」「マネー現代」の4つのメディアで総合1位を獲得※。1記事だけで100万PV以上を叩き出すなど、バズる記事を日々量産しています。

　本書は、そんな私が8年間、バズった記事10,491本を徹底的に研究してわかったことを厳選し、誰もが再現できる「型」としてまとめたものとなります。

一流メディアも、Twitterも、バズる仕組みは同じ

　「私はプロの書き手じゃないから、そこまでのテクニックは必要ないんだけど……」と思った人も、安心してください。
　この本が目指すのは、バズる文章の書き方をマスターしてもらうこと。一流メディアなどの記事でも通用するような、「本物の文章力」を磨くことです。

　一流のメディアも、ブログやTwitter、Facebook、noteなど

の身近なSNSも、バズる基本構造は、実は同じです。その基本さえ押さえれば、ふだん発信しているSNSはもちろん、多くの人に読まれる記事を書くことができ、可能性がぐんと広がります。新たなキャリア展開も期待できるでしょう。

　本書では、バズる記事が最短・最速で書けるように、最低限必要な情報のみを厳選し、掲載しています。この本でしっかりと、ウェブライティングの基本と、バズるベースとなる文章力を身につけてください。そうすれば、あなたの発信力は100倍になり、武器となるはずです。

　雑誌や本、ウェブサイトの編集者たちは、常に新しい書き手を求めています。SNSやブログなど、発表の場が増えたことで、そこからスカウトされてデビューする書き手も今やたくさんいます。あなたの投稿が誰かの目に留まり、書き手としてデビューする日も、そう遠い夢ではありません。
　今、日本で一番自分の記事が読まれている——あの高揚感を、あなたもぜひ体感してください。

　それではバズる文章の旅、スタートです！

東 <ruby>香名子<rt>あずま</rt></ruby>

※注
日本一「おしゃれ女性遭遇率」が高い路線は？（東洋経済オンライン）
「第二中里踏切」を知っていますか？　"山手線唯一の踏切"廃止に鉄道ファンが涙するワケ（文春オンライン）
新幹線が5000円以上安くなる「きっぷ」の裏ワザ（プレジデントオンライン）
3位は南北線、2位は日比谷線、1位は…?「イケてる男女が集まる地下鉄」ランキングTOP7

もくじ

第1章 失敗なし！ バズる記事が書ける定番テーマ10選

第2章 バズる記事が速く、うまく書ける！ 「6つの下準備」

第3章　真似するだけで「いいね！」激増！ バズる記事フォーマット7選

第4章　これさえ守ればOK！ 「バズる書き方のルール」

第5章 手っ取り早く「バズる文章」に変わる! 5分でできる「推敲のコツ」

第6章 PV数がケタ違いに上がる! 「バズるタイトル」の作り方

第7章　バズる記事を量産! 売れっ子ライターになるための必須条件

本書を読む前に ⟨ 「バズらない文章」に 共通する4つのNG ⟩

　書いた文章は、せっかくなら最後まで読んでもらいたいですよね。しかしSNSでは、読者が途中で読むのをやめてしまうことは、よくあることです（途中で読むのをやめて前のページに戻ったり別のページに飛んだりすることを、業界用語で「離脱」と表現します）。

　読者が離脱する要因は、大きく分けると4つあります。

> 1 何を言いたい投稿（記事）なのかわからない
> 2 一文が長くて読みづらい
> 3 難解な言葉が多く、理解できない
> 4 途中から内容に興味がなくなった

　逆に言うと、この4つさえ解決すれば、離脱されることなく、最後まで読まれ、かつバズりやすくなります。

　バズる文章は、どんなときも「読者ファースト」なのです。

　では、どうすればそのような文章が書けるようになるのでしょうか。ポイントは、「テーマ選び」「書く内容の吟味」「テンプレート選び」「書き方」「推敲」「タイトルづくり」の6つです。次ページの第1章から、プロセスごとに見ていきましょう。

　精魂込めて書いた文章を離脱されないよう、また読み手を飽きさせないテクニックをぜひ身につけてください。

失敗なし!
バズる記事が書ける
定番テーマ10選

バズる記事の多くは、「多くの人を惹きつけるテーマ」を選んでいます。そしてテーマ選びにも、季節や時流に応じた「型」があります。その型を見ていきましょう。

書きやすい「季節の話題」は
高確率でバズる

　誰もが共感するテーマの一つが、「季節感」に関するものです。春・夏・秋・冬と、季節の生活に密着した話題を、その"少し前の"タイミングを狙って発信していきましょう。読者の共感を得られれば得られるほど、記事はバズりやすくなります。

　たとえば、4月は桜が満開を迎える頃で、お花見の季節です。お花見スポットやお弁当、穴場スポット、天気の記事は、高い確率でヒットします。また、春は入学や入社など、新生活が始まるタイミング。引っ越し関連、模様替え、人間関係のつくり方や歓迎会に関連する記事もよく読まれます。

　ただし、記事を発信するタイミングには注意が必要です。4月の記事をその月に発信するのでは、遅いのです。人は何かしらの行動を起こすとき、ウェブ記事を検索する傾向があります。流行のシーズンが確定している場合、その1ヶ月前くらいには記事を出す準備をしておいてください。

　私はここ8年間、欠かさずバズった記事をチェックしていますが、季節性のある記事は、毎年確実にヒットする傾向があります。読者の立場に立って、どんな記事なら読みたくなるか、想像してみましょう。

　次の表は、私が8年にわたりリサーチし続けてわかった、バズるトレンドテーマの一覧です。書くテーマに迷ったときは、この表を参考にしてみてください。

月ごとのトレンドテーマ

1月…正月、初詣、お年玉、福袋、経済予測、開運スポット、占い、成人式、鍋料理、防寒対策、正月太り、受験シーズン　など

2月…節分、恵方巻、バレンタイン、冬のレジャー、温泉、新酒（日本酒）、早めの花粉症対策、肌の乾燥、雪対策、防寒対策、受験シーズン　など

3月…ひな祭り、春休み、卒業式、卒業旅行、送別会、ホームパーティー、転職、新生活に備える情報、花粉症対策、春の味覚、開花情報、春のファッション　など

4月…入園・入学・入社、新生活、引っ越し、インテリア、家電、習い事、人間関係のつくり方、マナー、花見、GW準備、花粉症対策、紫外線対策　など

5月…GW（大型連休）、こどもの日、レジャー、旅行、渋滞、母の日、初夏のダイエット、紫外線対策、汗のにおい対策、クールビズ、5月病、運動会　など

6月…梅雨、雨の日の過ごし方、レイングッズ、湿度対策、食中毒対策、父の日、家で楽しめるエンタメ、雨の日のデート、お中元ギフト、夏のファッション　など

7月…夏休み、熱中症対策、冷感グッズ、スポーツの日、祭り、盆踊り、花火大会、バーベキュー、海、プール、熱帯夜、リゾート、夏バテ対策　など

8月…夏休み、お盆、帰省、熱中症対策、熱帯夜、ゲリラ豪
　　　雨、台風、夏バテ解消、浴衣、日焼け対策、マリンス
　　　ポーツ　など

9月…新学期、大型連休、敬老の日、残暑、中秋の名月、暑
　　　さに疲れた体ケア、レジャー、アウトドア、秋のファッ
　　　ション　など

10月…食欲の秋、フルーツ、鍋料理、おでん、ハロウィー
　　　ン、読書の秋、運動会、あったかグッズ、乾燥ケア
　　　など

11月…秋の味覚、ボージョレ・ヌーボー、寒さ対策、七五
　　　三、いい夫婦の日、ブラックフライデー、お歳暮、紅
　　　葉、レジャー、鍋料理、伝統芸能、冬のファッショ
　　　ン　など

12月…クリスマス、大みそか、年末年始、大掃除、断捨離、
　　　フリマアプリ、リサイクルショップ、ボーナス、ホーム
　　　パーティー、年賀状　など

ネット民が大好きな
「格安」「お得」情報はバズる

「1円でも安く買いたい！」
これがネットユーザーたちの本音です。

　商品を買うとき、サービスの利用、旅行に行くときなど、ふだんよりどうにか安くならないかと誰もが考えるものです。多くの人がネットを開き、「安い」「格安」「お得」という言葉と一緒に検索をかけます。すると、次のような記事が目に入ってきます。

記事のタイトル例

- お盆の飛行機チケット「1円でも安くする」鉄板テク
- 【20% OFF】期間限定で良質マスクを安く買えるショップまとめ
- 「安すぎる」と業界を驚愕させるセール、朝9時スタートです

　とくに企業の広報担当者やショップを営んでいる人にとって、価格は不可欠なテーマです。お得な情報を定期的に発信することで、自然とお客様は増えていくはずです。
　セールやキャンペーンを始める少し前のタイミングで、「予告」の記事を配信しましょう。

また、とくに買う予定がなかったものでも、「今ならお得」という言葉を目にすると、つい買いたくなってしまうのが人情です。リーズナブルな情報を常に探す人たちにとって、お得な情報は絶えず人気があります。

　お得な情報を発信するときは、とくにタイトルにこだわりましょう（タイトルの作り方については160ページ以降の第6章参照）。「安い」「お得」といった言葉を入れるのは、必須です。

　さらに「1円でも安く」「500円引き」「20% OFF」など、具体的な数字を入れることで、より読者を惹きつけやすくなります。
　そのうえで「今だけ」「期間限定」など、時間に限りのあることを感じさせることができれば、プレミアムな匂いにつられて、ますます読者が反応しやすくなるでしょう。

1970年代〜90年代の「懐かし情報」は大人にバズる

　ニュースや新商品の情報など、新しい情報はバズる記事の定番ですが、逆にノスタルジーに浸れる記事も人気があります。昭和のアニメや駄菓子など、大人が読めば、子ども時代にタイムスリップできる内容です。読者は、この懐かしさを他の人と共有したいと思うため、SNSでのシェアも多くなります。

記事のタイトル例

- 70年代の高視聴率アニメTOP10
- 80年代生まれが「懐かしい」と叫ぶ駄菓子・10選
- 「チョベリバ」「MK5」 90年代女子高生の流行語、いくつ知ってる？

　ジャンルは、漫画やアニメ、映画、ドラマ、ヒットソングなどのエンタメや、今は販売されていないドリンクやお菓子などの飲食物（おもちゃ、駄菓子なども含む）、文房具など、子どもの頃に触れたアイテムを紹介するといいでしょう。

　ヒットしている記事の年代を見ると、70年代以降がネットの記事に適しているようです。それに対し、60年代より前の記事は、あまり見かけません。

また「懐かしい」を通り越して、「自分の知らない年代のコンテンツ」を取り上げると、人気を集めやすいのでおすすめです。「明治時代の美人の写真」「戦後の東京の風景」など、自分が生まれる前の時代をのぞいてみたいといった好奇心を刺激する記事にも、アクセス数が集まりやすくなります。

　この場合、文章量は少なめに、画像を多めにして記事を作ることが、ヒットのポイントです（読者は写真を見に来ているので、テキストが多いと疲れてしまいます）。

　画像1枚に対して、説明のテキスト（キャプション）を20文字程度入れるだけでも、十分楽しい読み物となります。サイトを見に来ているターゲット層を分析して、彼らが子どもの頃の年代ネタを取り上げるのがいいでしょう。

「まとめ情報」は読み手の好奇心を
ザクザクかき立てバズる

ネットで情報を検索する人で「求めている情報を一挙に見たい」と考える人は多いです。「まとめ」というキーワードをつけて検索した経験のある人も多いでしょう。

要するに、「手っ取り早く知りたい」欲求に応える「まとめサイト」は、安定的な人気があります。

自分で調べる手間が省け、手軽に参照できるため、読者は大きなメリットを感じやすいのです。

記事のタイトル例

・【まとめ】春の新生活! 一人暮らしの新居にマストな家電
・渋谷駅から徒歩0分で行ける飲食店・50店全部見せます
・知らなきゃ損する「申請すればもらえるお金」全リスト

タイトルには、掲載している情報を端的に書きます。「あなたが求めている情報、ここにあります! しかも情報量が多いです!」とアピールするのです。

隅つきカッコを使って【まとめ】と入れると、さらにわかりやすいですね。「すべて教えます」「全部見せます」「全リスト」など、情報を網羅している言葉を入れると、より訴求力が高まります。

情報量をより多く見せるために、紹介する店舗数やアイテム数をタイトルに入れるとさらに効果的です。そうすれば内容が具体的になるので、より読者の好奇心をかき立てます。

　他にも、「まとめ」を使った記事タイトルには、次のようなものがあります。参考にしてください。

記事のタイトル例

・100円ショップで買える収納グッズまとめ
・週末に行われるスポーツ大会＆イベントまとめ
・大人気アニメ映画のコラボアイテムまとめ
・昨日行われた選挙の開票結果まとめ
・夏休みに高校生が読むべき歴史の名著まとめ
・アカデミー賞受賞作まとめ
・世界情勢を読み解くキーワードまとめ
・かわいすぎる動物の赤ちゃん画像まとめ

ウェブ記事の鉄板!
「ランキング記事」は手堅くバズる

　ランキング記事も人気があります。売れ筋や人気のアイテムはもちろん、おすすめスポットなどの格付けを文章にしましょう。

　「びっくりランキング」「あるあるランキング」などのテーマも、身近なウェブ記事として人気があります。

　たとえば、次のような内容です。

記事のタイトル例

- 行ってよかった! 子連れママに人気の港区カフェBEST5
- 3位は恵比寿、2位は吉祥寺、さて1位は? 住みたい街ランキング最新版
- 不景気に負けない! 年収の高い日本の会社TOP500

　文章を書くために「たくさんの人にアンケートをしなきゃ……」とプレッシャーを感じる必要はありません。自分が専門家になったつもりで、「私が選んだおすすめランキング」というテーマで書いてもいいのです。

　定期的に企業が発表している「名物ランキング」をネタに文章を書いてみるのもおもしろいでしょう。よく話題にのぼるのは「住みたい街ランキング」(SUUMO) や、その年の新生児の名前を

集計した「名前ランキング」（明治安田生命）などです。知名度の高いランキングを取り上げることで、読者からも反応が出やすくなります。

　ランキングを単純に読者に紹介する文章でもいいですし、「勝手に分析してみた！」と自身の分析を加えることで、オリジナリティを演出することもできます。

　企業が作成したランキングや調査結果は、ネットで簡単に見つけることができます。「（執筆テーマ）」「ランキング」などのキーワードを入力して検索してみましょう。

　ここ数年の経済メディアでは、3桁の項目をランク付けした記事も流行しています。たとえば「年収の高い会社TOP500」などです。

　「500なんて数が多すぎて最後まで見られないよ」という声もあるかもしれませんが、「自分の会社は何位かな」など、自分や家族が勤めている会社を発見するために、人はつい最後まで見てしまうものです。

Googleの「最新ニュース」から
バズる内容を考える

　新鮮な情報を数多く掲載しているサイトには、毎日のように人が訪れます。自分が書くジャンルの最新情報は、日々チェックしておきたいものです。

　では、最新情報はどのようにすれば得られるのでしょうか。それは、「Googleニュース」で検索することです。

　検索窓にキーワードを入れれば、そのワードを取り上げているニュース記事が一覧表示されます。気になるテーマを検索してみましょう。ただ何も考えずに情報サイトを歩き回るよりも、効率的に情報を得ることができます。

　たとえば「コロナ　給付金」で検索すると、新型コロナで影響を受けた人向けの給付金のニュースが出てきます。それをもとに、何か書けないかを考えてみるのです。「受給するまでにかかった時間」「申請で間違いやすいポイント」など、当事者が知りたいと思われるネタをピックアップするのが、大きなポイントです。

　たとえば、次のようなタイトルの記事が考えられます。

記事のタイトル例

・あなたももらえる!「コロナでもらえる給付金」全リスト
・知らない人は損をする!　申告漏れをしやすい給付金TOP5

・意外と簡単! 飲食店店主がコロナ給付金をもらう手続きを
やってみた

　ニュースを取り上げて書くときは、単にコピー＆ペーストした
だけの記事は避けましょう。少しでいいので、分析コメントを加
えます。
　「こんな新しいサービスが出たので、注目しています」や「この
ニュースは、こういうふうに分析します」のように書けば、プロの
記事に近づきます。

　また執筆ジャンルのニュースは、1日1回はGoogleニュースで
検索しておくことで、最新情報に詳しくなることができます。実
際には文章にしなくても、最新ニュースを見て、自分ならどうい
った内容を書くかを想像してみましょう。アイデアを生むための
最適なトレーニングになります。

バズる記事の書き手は
「最新キーワード」を毎時間見ている

　世間で話題になっているキーワードに絡めた記事も、ヒットにつながるポイントです。

　ここで言うキーワードは、「瞬間風速的に注目を浴びているもの」と、「中長期的なもの」の2つに分けられます。どちらもニュースに関連しているものが多く、読者の注目を最大限に浴びるものです。世間の人が話題にしている間に関連する文章を書き、たくさんの人に読んでもらいましょう。

　それぞれ具体的なキーワードの見つけ方を紹介します。

1　瞬間的にバズっているキーワードの見つけ方

　「今、この瞬間にバズっているワード」を見つけるために私が利用しているのは、「Yahoo!リアルタイム検索」というアプリです。無料でTwitter上のツイートをまとめて検索できるもので、ツイッターでたくさん投稿されている話題を、ランキング形式で見ることができます。

　Twitterのウェブサイト（twitter.com）でも「トレンド」の一覧を見られますが、「Yahoo!リアルタイム検索」は、アプリを起動するとすぐにランキングが表示されるので、使いやすさ抜群。

トレンドワードと一緒に画像が表示されることも強みです。テレビ番組ごとのツイート状況や、電車の遅延に関するツイートもカバーしているので、様々な"旬"の情報を得ることができます。

　ほぼリアルタイムでランキングが更新されるのも、大きなメリットです。たとえば、どこかで地震が起きたときには、ランキングの上位に「地震」というワードがランクインし、高視聴率のドラマがオンエアされたときは、放送時間内に関連ワードが並びます。
　「Yahoo!リアルタイム検索」をチェックするメリットは、自分が興味のあるテーマ以外で、見落としてしまっている情報を拾うことができる点にあります。

　たとえばYahoo!ニュースを見にいっても、たいていの人は自分の興味があるニュースしか見ません。最近は、履歴をもとに、その人が興味を持ちそうなニュースを上位に表示する機能（「リコメンド機能」と言います）を実装するサイトも多いため、自分の興味から外れた情報が入手しづらくなりました。私たちが触れる情報は、インターネット全体の1割にすぎないとも言われています。その中に本当に大事な情報があると大変です。

　そんな見逃しをカバーできるのが、トレンドワードのランキングとなります。ランキングで瞬間的にバズるワードを確認したら、その日じゅうに何か記事を書けないか、検討しましょう。とくに記事を毎日発信する必要のある人にとって、トレンドワードのランキングは、大変便利なツールです。

　ただし、ランキングに載っているキーワードは、旬が過ぎるのも早い傾向にあります。その日バズっているだけで、明日には見向きもされない危険性もあります。記事にならないと思ったら執着せずに、さくっと見切りをつけて、新しいトレンドの波を探すほうがいいでしょう。

　ちなみに私は「Yahoo!リアルタイム検索」のアプリを1日の間に何回も見ています。朝起きたとき、移動時間、仕事の休憩時間、待ち合わせの時間などです。
　20位くらいまでのランキングを見ることで、大まかな世間の流れを知ることができます。気になる情報があれば、その先のリンクもチェックします。見るたびに新しい発見があるので、慣れてくると、ランキングを見るのが楽しくなるでしょう。

　まずは1日1回でいいので、ランキングを眺めるようにしましょう。最初は文字通り、「見るだけ」でOKです。
　そして、見る習慣がついたら、キーワードを使って何かしらの文章を書いてみます。Twitterでつぶやいてもいいでしょう。それを1週間続けます。これが、トレンドに敏感な「バズる書き手」に近づく第一歩です。

中長期でバズるキーワードの見つけ方

　中長期的に注目を浴びるキーワードは、ニュースサイトを研究することで見つけることができます。各ニュースサイトには、人気の記事をランキングで表示しているところが多いため、世間の人

の注目度を測るのに最適です。

　たとえば2020年に新型コロナウイルスの感染者が国内で増え始めた頃、テレビのワイドショーでは、連日この情報を取り上げました。ネットでも自然とコロナに関する検索数が増えたことで、注目度も上がり、各ニュースサイトは「コロナ」関連の記事であふれ返りました。

　同年3月には著名人で亡くなる人も出てきて、政府が外出自粛を呼びかけるなど、新型コロナウイルスの脅威を身近に感じるようになりました。4月には初の緊急事態宣言が発出され、一方で新型コロナを扱う記事も軒並みPVを獲得していきます。

　同じ頃、総合情報サイト「プレジデントオンライン」でも、記事ランキングTOP10のうち、半数以上がタイトルに「コロナ」と書かれていました。このランキングを見ることで、「コロナ」がそのときにバズっているワードであると推測できるのです。

　やがて5月に入ると感染者数は減り、緊急事態宣言が解除されました。興味深いことに、その頃から「コロナ」関連の記事はほとんど読まれなくなり、ランキングからも姿を消したのです。

　感染のピークが過ぎたと感じた人たちは安心し、新型コロナ情報は不要だと思ったのでしょう。数ヶ月も新型コロナ関連の情報を見ていたのですから、それに飽きてしまった面もあるのかもしれません。

　そんな読者の動きを見たサイトの編集者たちは、新型コロナ

情報の記事を減らしていきます。新型コロナを、旬を過ぎた「オワコン（終わったコンテンツ）」と判断したのです。

　新型コロナウイルスの流行をきっかけに、日本に新しい生活様式が登場しました。たとえば、テレワークやおうち時間の充実です。これらをテーマにした記事は、コロナが落ち着いた今でも多くの読者に読まれています。

　スマホを取り出して、あなたがよく見るニュースサイトのランキングをのぞいてみましょう。ランキング内に同じワードが並んでいたら、それがまさに今、バズっているワードです。

「話題の商品」はすぐに試して
投稿すればバズる

　ネットユーザーは「流行」に対して敏感です。今、巷で何が流行しているのか、何が売れているのかということに注目しています。そのため、流行や話題の商品についていち早く記事化することができれば、それだけでバズりやすくなります。

　もし、あなたが新発売のグッズやお菓子、アイテムを入手しやすい環境にいるのであれば、それを生かさない手はありません。
　流行りそうなもの、話題の商品、話題のスポットなどを自分自身で体験したうえで、SNSで積極的に発信していきましょう。

　発信者が記事の読み手と「同じ目線」であることも、ヒットにつながる要因の一つです。実際、女子高生の間でバズった情報は、発信源が普通の女子高生であることが多いです。若い人たちはマスコミよりも、目線の同じ人が持つ情報に興味を持つ傾向があります。

　今や、SNSを使って誰でも発信できる世の中です。ウェブが発信源となっているトレンドも、珍しいことではなくなりました。一般の人が発した情報が、何万人にもシェアされて「バズる」。これは毎日、日本じゅうで起きている現象です。

過去に流行したものの例

2020年：漫画『鬼滅の刃』、マスク、エコバッグ、Zoom、
　　　　飲食デリバリー

2019年：タピオカ、キャッシュレス決済、ワークマン、ラグビ
　　　　ー、動画配信サービス

2018年：ドライブレコーダー、スマートスピーカー、映画『カ
　　　　メラを止めるな!』、サバ缶、ペットボトルコーヒー

2017年：Nintendo Switch、ビットコイン、うんこ漢字ドリ
　　　　ル、ハンドスピナー、ワイヤレスイヤホン

2016年：ポケモンGO、IQOS（アイコス）、インスタグラム、
　　　　メルカリ、グリーンスムージー

　新しい商品や、新しくオープンするお店、友達の間で流行っ
ていること、これからブレイクしそうな商品など、どんどん発信し
ていきましょう。あなたがトレンドの発信源となる日は、すぐそこ
まできています。

「よく聞かれること」
「みんなが知らないこと」はバズる

あなたがふだん、疑問に思っていることは何ですか？　その中にヒットの種が隠れています。

たとえば2020年前半には、新型コロナの感染拡大をきっかけに、在宅勤務を取り入れる会社が増えました。その中で「テレワーク」や「リモートワーク」という言葉が聞かれましたが、私はそれを聞くたびに常に疑問に思っていました。「両者の違いは何だろうか？」と。誰かに聞いても「う〜ん、何だろうね」と答えるばかりです。でも気になる。そんな話題を記事にしてみましょう。

あなたが気になっている話題は、他のネットユーザーも気になっていて、多くのアクセスを集める可能性が高いのです（実際、テレワークとリモートワークの違いについて触れた記事が、私が疑問に思った数日後に続々と配信されていました）。

また、人からよく聞かれる質問についてときどき振り返ってみるのもおすすめです。

飲食店に詳しい人であれば、「初めて彼女と行くのにおすすめのお店知らない？」とか、化粧品に詳しい人なら「冬でも乾燥しないファンデーションを教えて」といった質問を受けるでしょう。何度も尋ねられて、あなた自身も飽きているかもしれません。し

かし、ネットではなくリアルの世界で何度も聞かれていることであれば、確実にネットにおいても需要のある質問なのです。

　鉄道の専門家としてコラムを執筆している私の場合、電車や切符に関してよく質問されます。旅行や出張などの旅費は抑えたい人が多いため、「格安な切符」についてもよく聞かれます。中でも多いのが、「お得な新幹線の乗り方」についてです。

　あまりにも多く聞かれるので、思い切って記事を書いてみると、掲載されたニュースサイトでランキング1位を取ることができました。「新幹線が5000円以上安くなる『きっぷ』の裏ワザ」というタイトルです。やはりふだん、人によく聞かれる質問をウェブのコラムにすると、たくさんの人に読んでもらえるのだなと再認識しました。

　こういったとっておきの情報をウェブで発信していけば、たくさんの人が、あなたの書いた記事にアクセスするはずです。

記事のタイトル例

・いつもより5000円安く新幹線に乗る方法とは
・知ってる？「テレワーク」や「リモートワーク」の違い

　たとえばこんなふうに、人に聞かれる質問を意識しながら記事のタイトルをつけると、アクセスが集まりやすくなります。

「オタクネタ」こそ
熱くバズる導火線

　ここまで読んで、次のように感じた人もいるかもしれません。

　「なるほど、何を書けばバズるかはよくわかった。でも、流行りのことや季節のことを書くよりも、自分が本当に好きなことについて書くのは、NGなのだろうか?」と。

　結論から言えば、NGではありません。むしろ正解です。

　アニメや漫画、本、映画、プラモデル、鉄道、歴史、語学、筋トレ、ファッション、化粧品……あなたが人にスラスラと長時間話せること、話しだすと止まらないことはありませんか?　私はそれを「明るいオタク気質」と呼んでいます。ここで言うオタク気質とは、バズる文章を生み出す、砂に埋もれていてまだ見つかっていないダイヤモンドのような存在です。

　「えっ!　それ、書いてもいいの?」と思ったそこのあなた。オタクネタにこそ、大きな価値があります。

　価値観の多様化でそれぞれの個性が強くなった今の時代、オタク気質を身につけた人は強いです。学校の勉強は、すればするほど身につきますが、オタク気質は、心の底から興味のあるものを持っている人にしか身につきません。オタク気質を持っている人の文章は、気持ちを込めて書かれていることもあり、躍動感

が感じられます。オタク気質は、アドバンテージになるのです。また、何かを語れる人物になるということは、楽しい人生を送る秘訣でもあります。

　これからオタクになりたいと思った人は、自発的に興味を持てるジャンルを掘り下げてみましょう。「何だろうこれ。もっと知りたい！」という気持ちがスタートになります。一瞬でも心のアンテナに触れたジャンルから、情報を掘り下げることをおすすめします。

　「それでも、見つからない！」という人は、今住んでいる街の話題はいかがでしょうか。街の姿は日々変わりゆくもの。これまでの歴史やこれからの進化などは、研究しがいのあるテーマの一つです。

　ちなみに、「明るいオタク気質」でバズるには、テーマの細分化がもっとも重要です。何かの専門家になりたい場合、大きすぎるテーマは、避けたほうがベター。メジャーなテーマは、すでに専門家がいて、第一人者になることはできません。

　たとえば「はじめに」で述べたように、私の趣味は鉄道です。しかし「鉄道の専門家になろう」と思っても、テーマが広すぎます。専門家も多いので、とても第一人者になることはできません。そのため、専門にする鉄道の領域をもっと細分化しようと考えたのです。
　その中で行きついたテーマの一つが、JR山手線でした。

今では「山手線に詳しいライター」として、テレビのクイズ番組に出演するまでになりました。

　好きなことを仕事にするのは、とても楽しいものです。好きなテーマを細分化していくことで、あなたにもスポットライトが当たる日がきっと来るはずです。

バズる書き手失格!
こんな記事を書いてはいけない

　ここまでバズる記事を書くためのテーマの選び方を紹介してきましたが、文章を書くときに、必ず知っておいてほしいことがあります。それが「ネチケット」です。

　インターネットで情報発信するときに、心がけるべきエチケットやマナー（＝ネチケット）があります。いわば「ルール」と言えるものです。マナーを守ることができない書き手は、読者から嫌われて、PV数がどんどん減ってしまいます。

　SNSに文章を書くときは、テーマが下記4つのいずれかに該当していないか、必ずチェックしてください。

1 人を傷つける内容は書かない

　人を傷つける内容を発信してはいけません。それが匿名であってもNGです。人は、感情が高ぶったりイライラしてしまったりしたとき、つい辛辣な言葉を投げがちですが、それはタブーとされます。

　2020年5月、恋愛リアリティー番組「テラスハウス」に出演していたプロレスラーの木村花さんが、ネットで誹謗中傷を受けて自死しました。この悲しい事件で、ネットでの誹謗中傷が社会問

題となり、「誹謗中傷をやめよう」という動きが出てきています。
　しかし、それでもなお誹謗中傷の投稿は存在し続けています。

　何気ない一言でも、文字にして発信にすると、ネガティブなパワーが何倍にもなり、人を傷つけてしまいます。
　ネットでは、無防備に人を傷つける情報を発信しない。これが、発信者としてのあるべき姿です。

2　根拠のない医療情報は載せない

　医療・健康に関する情報を発信する際は、細心の注意を払いましょう。また、発信しようとしている情報に医療的な根拠があるかどうかは、必ず事前に調べる必要があります。

　2016年、キュレーションサイトWELQ（当時、DeNAが運営）に、根拠にもとづかない医療に関する情報が多数掲載されました。当時、その記事を信じた読者に健康被害が及ぶ危険性があるとのことで、サイトは閉鎖に追い込まれる事態に進展。ネットの信頼性を揺るがす一大事件となりました。

　この出来事をきっかけに、医療・健康・美容情報を掲載する情報サイトに、厳しいルールが設けられるようになりました。ネットの倫理性がより問われるようになったのです。
　人体に関わる情報の取り扱いには、とくに注意が必要です。情報が正しいかどうか不明な場合は、発信するのはやめるべきです。とくに情報出所が一般人のブログやSNSなど、不確かなも

のには近づかないのが無難です。

　新聞やテレビなど主要メディアからの情報は、きちんと事実確認が行われている場合がほとんどなので、信頼に値します。「○○（探したい話題）　嘘」などのように、チェックしたい情報に「嘘」をつけて、事前に検索サイトでチェックするのも、デマを見分ける簡単な方法の一つです。

　書き手が不明なブログやSNSは、参考になりません。必ず一次情報（書き手が自ら体験して得た情報や考察）、もしくは複数の二次情報（他者を通して得られた情報）にあたり、本当にそれが真実なのかどうかを確かめたうえで、SNSに投稿することが必須です。

フェイクニュースを拡散させないためのチェックリスト

□出所が具体的かどうか？

・情報の出所が国や自治体などの公的機関である

・新聞・テレビで公式ニュースとして報じられている

・信頼できる出版社から発刊された刊行物（本や雑誌など）

・自分の目で直接確認したもの、自分自身で体験した出来事

□真実かどうか確認が必要な情報

・出所が上記4つのどれにも当てはまらない情報

・家族・友人・知り合いから聞いただけの情報

・SNSのフォロワーが「らしい」をつけてつぶやいた情報

3 個人情報は載せない

　SNSに投稿する際は、本名や住所を書かないことはもちろん、写真を撮る場所にも注意が必要です。近所の風景や部屋の窓から見える景色など、自宅の場所が特定されそうな写真は、避けたほうが無難です。

　ネットに一度上げてしまった情報は、消去するのが困難です。SNSの投稿を消しても、ネット上から完全に削除されるとは断言できません。あなたが投稿を消す前に、誰かがその投稿のスクリーンショットを撮れば、その人のもとに永遠に残ってしまうリスクがあります。

　SNSが原因で起きた事件は、多数存在します。SNSに投稿した写真をもとに、地下アイドルが自宅の住所を特定され、侵入された事件も発生しました。そのときの犯人は、「(写真の) 瞳に映る景色から被害者の自宅を特定した」と供述しています。

　投稿する際、使う言葉にも注意が必要です。とくに位置情報を載せて「〜なう」と発するのは用心したほうがいいでしょう。気軽に現在の位置情報を伝えてしまうことになるからです。位置情報を知らせることは、犯罪に巻きこまれるリスクにもつながります。

　とくに旅行や出張に行ったときは、つい「〜なう」と投稿したくなりますが、自宅に戻ってきてから投稿しても遅くはありません。

　個人情報は、いつどこで悪意ある人の手に渡るか、わかりません。それが今でなくても、数十年後に、自分の個人情報が悪用されることもあるのです。

　こういったリスクがあることを理解したうえで、SNSを楽しむようにしましょう。

 ## 政治思想や宗教、下ネタは安易に書かない

　特定の読者層にはウケますが、一般的なウケを狙いづらいテーマもあります。

　一つは、特定の政治思想や宗教についての投稿です。政治的なニュースを参照して意見を述べるのは個人の自由ですが、過激な論調は、一般読者の心が離れる一因になります。
　もちろん、同じ思想を持つ人は、好反応を示します。しかし、広く一般的な読者にアピールする場合は、逆効果になることもあるのでご注意を。

　もう一つは、下ネタの投稿です。自分としてはウケを狙った投稿だとしても、下ネタは非常にネガティブな力があり、嫌悪感を持つ人も少なくありません。社会通念上はもちろん、中には「セクハラ」だと受け取る人もおり、フォローを外されてしまう恐れもあります。

企業やサービス、エンタメ作品に対する批評にも慎重さが必要です。マツコ・デラックスさんや有吉弘行さんなどの辛口や毒舌のタレントが人気ですが、彼らはキャラクターが強いからこそ人気者なのです。一般の人が辛口投稿をすると、「この人、ちょっと面倒な人かも」というイメージがつきかねません。ネガティブな投稿自体、読んだ人にとっては気持ちのいいものではなく、あまりおすすめできません。

　たった一度投稿するだけでも、あなたにマイナスイメージがついて回ります。一度ついたイメージを拭い去るのは大変難しいです。ネガティブなことを投稿したくなったとしても、一度立ち止まり、本当に投稿すべきかどうかを考えてみるといいでしょう。

SNSでバズれ!
迷ったらこれを書こう

Twitterならこれを書こう

「今」に特化したSNSです。Twitterで書くことに困ったら、27ページでも触れましたが、話題のニュースについてつぶやいてみましょう。とくに、自分の専門分野に関するニュースを引用してコメントすると、アカウントの専門性に磨きがかかるのでおすすめです。私の場合、記事タイトルの研究を毎日行っているため、次のような投稿をよくしています。

東香名子@鉄道コラムニスト @azumakanako・2月23日
「上達する」よりも「急に上達する」のほうが100倍クリックされる。たった2文字入れるだけでこの差! #タイトル職人 #バズる

英語のリスニングが急に上達する最も簡単で楽しく効果的な方法とは?

Twitterに投稿するときの文字数は、140文字。たくさん語りたいことがあるときは「140文字以内なんて短いなあ」と敬遠しがちですが、伝えたいことをコンパクトにまとめて書くトレーニングにもなります。いつも話が長いと言われてしまう人は、Twitterの文字数内におさまるように練習してみましょう。

また、ハッシュタグ (#) を加えることで、その言葉で検索されやすくなり、ファンが増えやすくなります。

Instagramならこれを書こう

　写真がメインのSNS。10〜20代の女性が投稿していると敬遠しがちですが、意外と男性も多く投稿しています。流行のアイテムやグルメだけでなく、これまで訪れた旅行先の風景など、見映えのいいものを投稿していきましょう。

　グッズなど、コレクションしているものがあれば、撮影して投稿するのも有効です。こだわりの解説コメントを書いて投稿しましょう。写真を一覧で見ることができるので、見た目にも華やかで、自分の記録用としても使い勝手のいいツールです。

azuma.kanako・フォロー中
弘前駅

azuma.kanako 3年前、五能線キハ40と。弘前駅かな。年季の入ったクリーム色にブルーのライン。足元が雪まみれで津軽らしい。今年でサヨナラなんて寂しすぎる(T＾T)
#五能線 #キハ40 #乗り鉄 #train #japan #aomori #gonoline

5週間前

が「いいね！」しました

2月21日

コメントを追加…　　　　投稿する

noteならこれを書こう

かつて「ブログと言えばアメブロ」という時代がありました。しかし、2021年現在、ユーザー数、閲覧数ともに伸びているのがnote（ノート）というブログサービスです。流行りのものに乗って書くことも、バズらせるうえでは大切です。

noteには、Twitterのような文字数制限はありません。自分の情報をコンテンツとして発信したい人、ストックとして文章を残していきたい人に向いています。文章に合わせて画像や動画を挿入することもできるので、他のSNSと比べて自由な自己表現が可能です。また記事の有料販売もできるので、その点も、近年人気を獲得している理由の一つです。

Facebookならこれを書こう

Facebookは、ビジネスのつながりを重視するSNSです。ビジネスの話が好まれ、仕事に対する書き手の気持ちを応援したり、寄り添ってくれる文化があります。

Facebookで書くことに困ったら、最近うまくいった仕事について書いてみましょう。たとえば私は次ページのように書いています。

東 香名子
3月12日 14:15

本日の生タイトル職人。ゲストはライターの沢井メグさんでした。
中でも盛り上がったタイトルがこちら。

▶「月経カップおじさん」にクラブハウスクラッシャー、無自覚な
SNS迷惑人間化の恐怖（ダイヤモンド・オンライン）

本日トレンド入りしている「月経カップおじさん」。なぜこんなにも
バズるのか。
前提として「〇〇おじさん」は、Facebookおじさん、エアポートおじ
さんなど、元々バズる要素を持っているテンプレ。
そのうえで、女性の生理用品である「月経カップ」と「おじさん」と
いう、まったく対極にあるものを掛け合わせると、宇宙レベルの衝撃
波を発生させるパワーワードになるという好例です。
そして記事をよく見れば、月経カップおじさんよりも、実はクラブハ
ウスで迷惑な人がメインの話題。しかしタイトルでは「月経カップお
じさん」を冒頭にカギカッコ付きで目立たせて読者にアピール。メイ
ンディッシュのクラブハウスクラッシャーにはカギカッコを付けず、
影に隠しておく。
ダイヤモンド編集さんの超絶技巧テク！脱帽！

　また、これから着手する仕事への意気込みも、ユーザーに好
まれる話題です。「今、こういうことに取り組んでいます」と紹介
して、最後に「がんばります」という前向きな気持ちを書きましょ
う。この「がんばります」というワードに対しては、いい反応が多
くつくはずです。
　なおFacebookは40〜50代の利用者が多いという印象を持
っています（2021年4月現在）。読者は、この辺りの年代の人で
あると意識して文章を書くと、よい反応が多く得られそうです。

第 **2** 章

バズる記事が速く、
うまく書ける!
「6つの下準備」

どんな文章、どんな記事にも、書くための「準備」が欠かせません。この準備を事前にやっておくと、「何から書こう……」と、パソコンの前で途方に暮れることがなくなります。短時間で反響の大きい記事を書くために、ここにあることをぜひ実践してみてください。

「仮タイトル」を決めておけば 書くスピードが10倍アップする

　書きたいテーマが決まったら、書こうしている文章の「仮タイトル」を考えておきましょう。この仮タイトルがあるだけで、文章を書くスピードが格段にアップします。

　TwitterやFacebookでは、タイトルを書かない人も多いと思います。実際、書く必要はなくても、仮タイトルをつけて書くと、書きやすくなるのでおすすめです。

　仮タイトルは本番のタイトルではないので、ひとまず適当なものでOK。「これまでで一番泣いた映画の紹介」「おいしいチョコレートケーキの紹介」「うちのかわいいワンちゃん」のように、メモ程度にさらっと書くかたちで問題ありません（ちなみにこの本の仮タイトルは、『どんな人でもマネすればバズる記事が書ける本』でした）。

　本番用のタイトルは、後からつける。これが上手な文章の鉄則です（タイトルのつけ方は160ページ以降を参照）。タイトルは、読者が一番目にする箇所なので、投稿する前にこだわればこだわった分だけ、バズる可能性も高くなります。

1回の投稿で伝えるメッセージは 「1つだけ」に絞る

　仮タイトルをつけることで、話が脱線するのを防ぐ効果もあります。

　1トピック1メッセージ。これがウェブライティングの鉄則です。1回の投稿（記事を含む）で、伝えたいメッセージは1つに絞るようにします。

　書きたい熱意にあふれていると、つい多くの情報を詰め込みたくなるものです。しかし、情報が多く、あちらこちらに脱線する記事は、読み手にとってストレスになりやすく、最終的には「この人、文章が下手だな」と思われるリスクがあります。

　では、どうすれば書きたいことを1つに絞ることができるのでしょうか？　悩んだときは、まず、身近なテーマで実際に考えてみることです。

　たとえば友人と、素敵なカフェでチョコレートケーキを食べたとします。そのときのことをSNSで伝える場合、何を切り取りますか？

　カフェの外装や室内の雰囲気、チョコレートケーキのおいしさ、友人との話など、いろいろあると思います。それらをすべて書いてしまうと、何を伝えたいのかが散漫になってしまいますよね。

文章を最後まで読んでもらえない可能性も高くなります。

　それを防ぐ意味でも、取り上げたいテーマを1つに絞るのです。
　仮タイトルを「おいしいチョコレートケーキ」とした場合、何を
伝えるといいでしょうか。ケーキの味や匂い、使っているチョコ
レートの種類、色合いなど、ケーキに関する内容になるはずです。

　こうしてざっとでも書く内容を1つに定めることで、書き手が伝
えたいメッセージが明確になり、最後まで読んでもらいやすくなり
ます。書き手に迷いがないと、読み手も迷わず読み進めることが
できるのです。これは、ぜひ覚えておいてほしいポイントです。

「5W1H整理法」で、バズる文章の素材をアウトプットしよう

　選び抜かれた情報をもとに書かれた文章は、多くの人に読んでもらえます。一方、読み手から「ちょっと何言っているかわからない」と言われたり、PV数やフォロワー数が伸び悩んだりしている場合は、たいてい下記が原因である可能性が高いです。

> ① 読み手が理解するのに十分な情報が揃っていない
> ② どういう読者を想定した投稿（記事）なのかがよくわからない
> ③ （その投稿・記事で）何を伝えたいのかがわからない

　こうした悲劇を避ける意味でも、書きたいテーマが決まり、仮タイトルをつけたら、文章を構成する「素材」を洗い出しましょう。料理をする前に、必要な材料を揃えるイメージです。

　便利なのが「5W1H」を使った情報整理術「5W1H整理法」です。5W1Hは、次の英単語の頭文字をとった呼び名になります。

What （何）
When （いつ）
Where （どこで）
Who （誰）

Why（どうして）
How（どんな、いくら、どれくらい）

　書き始める前に、自分が今どんな素材を持っているか、「5W1H整理法」で書き出してみましょう。

　たとえば前節同様、素敵なカフェで食べたおいしいチョコレートケーキをおすすめしたい場合、「5W1H」に当てはまる情報としては何が考えられるでしょうか。ブログなどのSNSに投稿する前提で、少し考えてみましょう。

情報の例

仮タイトル:**素敵なカフェのおいしいチョコレートケーキ**
What（何）:**チョコレートケーキ**
When（いつ）:**今月から**
Where（どこで）:**WOAカフェ（カフェの名前）**
Who（誰）:**スイーツ好きの女性におすすめ**
Why（どうして）:**チョコレートが濃厚でやみつきになるから**
How（どんな、いくら）:**コーヒーつき500円とお得**

　最初から「5W1H」のすべてを埋める必要はありません。
　ただ、「5W1H」に関する情報が多ければ多いほど、一段と説得力のある文章が完成します。この場合は、チョコレートケーキに関する情報です。

　単に「チョコレートケーキがおいしい！」と伝えるより、「今月か

らWOAカフェで発売されたチョコレートケーキは、スイーツ好きの女性におすすめ。チョコレートが濃厚でやみつきになる」と伝えたほうが、読み手の心は動きますよね。

　事実を伝える新聞やニュース番組の原稿は、冒頭ではっきりと5W1Hを伝えています。だからこそ、短時間で情報が伝わりやすいのです。短い文章やメールなどで情報を伝える場合も、5W1Hを意識しながら書くと伝わりやすくなります。

　ライティング初心者の中には、「この文章、ちゃんと読む人に伝わるかな?」と不安になる人もいると思います。そんなときこそ、発信しようとしている投稿に「5W1H」が含まれているかどうかをチェックしてみてください。
　すべての情報を揃えるのは難しくても、5W1Hに関する要素が多ければ多いほど、読者にとって理解しやすい情報となり、発信しても恥ずかしくない文章に仕上がります。

読者＝「ターゲット」を
細かく設定すればするほどバズる

　小学生に就職活動の話をしてもあまり響かないように、ターゲットに合わない話題をしても響きません。文章を書くときは、読み手に刺さる内容かどうかを考えることが不可欠です。

　「誰に向けて書くか」（＝ターゲット）を定めましょう。ターゲットを定めると、文章の書き方も決まります。すると、その記事に興味のある人が集まり、アクセス数や「いいね！」の数を増やすことができます。

　さらに、ターゲットを意識することで、選ぶ言葉や文章のテンションなどの方向性も決まり、臨場感が生まれます。たった一つの文章でも、ターゲットが違うだけで、その雰囲気はガラリと変わるのです。

　たとえば、「おすすめのコーヒーショップ」をテーマとした場合、50代のビジネスマン向けと、20代の女子大生向けでは、どんな内容が考えられるでしょうか。

　とくに先ほど紹介した「5W1H」の中の「Why（どうして）」を意識することで、より意図したターゲットに向けた文章になります。

　まず、50代のビジネスマン向けに書く場合の「Why（どうして）」について考えてみましょう。彼らが「コーヒーショップ」に関する情報で知りたいことや喜ぶことはどんなものでしょうか。

　たとえば次のようなキーワードが考えられます。

キーワード例

　仕事の合間にゆっくり休憩できる／行きつけの喫茶店／昭和に戻ったような感じ／落ち着いた雰囲気

　これらの、50代のビジネスマンに刺さりやすい情報を盛り込んで文章を書くと、次のようになります。

文章の例

　仕事の合間に、ゆっくり休憩ができる行きつけの喫茶店があればいいなと思いませんか。昭和の時代に戻ったような、落ち着いた雰囲気のお店を紹介します。

　では次に、20代の女子大生に伝えると喜ぶ情報を想像し、キーワードを書いてみましょう。テーマは同じく「おすすめのコーヒーショップ」だとすると、こんなキーワードが考えられます。

キーワード例

　友達とのおしゃべり／おいしいスイーツ／コスパがいい／テンションが上がる／インスタでも話題

　文章にすると、次ページのようになります。

　友達とのおしゃべりのお供に、おいしくてコスパのいいスイーツがあれば最高!　女子なら誰でもテンションが上がる、インスタでも話題のお店を紹介しちゃいます!

　このように、「おいしくてコスパのいいスイーツ」「インスタでも話題」など、20代の女子大生が見逃せないキーワードをちりばめるだけで、がぜん興味を持ってもらいやすくなります。

　2つの文章を読むとわかるように、ターゲットが異なるだけで、同じテーマでも、書く内容や表現方法に大きな違いが出ます。

　仮に、50代のビジネスマンに読んでほしい文章に、20代の女子大生向けの文章が書かれていたらどうでしょうか。ターゲットとテーマが合わないので、読者は文章を読み始めた瞬間に「自分向けではないな」と感じ、離れてしまうでしょう。

　ターゲット設定のコツは、自分が想定しているものよりも、1段階も2段階も深く掘り下げて考えることです。設定が細かければ細かいほど文章がリアルになり、クリック率も上がります。そして、読者のツボにしっかりはまるわけです。
　今回の例ではわかりやすく「50代のビジネスマン」「20代の女子大生」と書きましたが、プロフィールを細かく想像すればするほど、書く内容がターゲットに響きやすくなります。

ポイントは、「年代」「性別」「属性（職業など）」「タイプ・志向」をセットで考えることです。

　たとえば「都内で働く管理職の50代ビジネスマン。仕事とプライベートのメリハリをしっかりつけたい人」というふうに考えてみます。慣れてきたら、ターゲットの居住地や生活状況、悩みや目標などの細かいところまで考えると、書く内容も絞られて、文章もよりすっきりします。

　私もメディアに記事を投稿する際は、ターゲットのプロフィールを細かく設定しています。
　たとえば、25歳女性／独身／都内在住／年収250万円／30歳までに結婚したいと考えている……といった具合です。

　女性ニュースサイトで編集長を務めていたときも、このターゲット設定がかなり役に立ちました。どのテーマを書くか迷ったときは、この設定に照らし合わせれば、方向性が自然と見えてくるからです。ターゲットを細かく設定する前と後とでは、メディア自体のPV数も大きく変わりました（以前は月間1万PVだったのが、650万PVまで伸ばすことができました）。

　次ページで、今日から使える「読者を掘り下げる質問例」を紹介していますので、参考にしてください。

- 名前は?…あやこさん
- 性別は?…**女性**
- 年代は?…**32歳**
- 家族構成は?…**独身、一人暮らし、岩手県に両親がいる**
- 住まいは?…**江東区の賃貸マンション。家賃は10万円**
- 職業は?…**メーカー勤務の営業、正社員**
- 年収は?…**500万円**
- 趣味は?…**食べ歩き、温泉、サウナ**
- 性格は?…**友達は多いが、一人の時間も大切にしたいタイプ。週末は近所のサウナつき銭湯に通う**
- 悩みや不満は?…**女性誌はメジャーな温泉地ばかり取り上げている。もっとマイナーな温泉情報がほしい**
- 夢や目標は?…**日本中の温泉地について詳しくなること。温泉ソムリエの資格を取りたい**
- 学歴は?…**早稲田大学の文学部出身**
- 理想のライフスタイルは?…**温泉好きな旦那さんを見つけて、月に1回は温泉旅行に行く**
- どんな情報を求めているか?…**ちょっとマニアックな温泉情報、温泉ソムリエの活動情報、婚活情報**

「こんなに考えるの!?」と驚くかもしれませんが、このくらい細かく考えると、よりバズる記事が書けるようになります。

カンタン5分! 読者に響く
キーワードがわかる方法

「ターゲットは決まったけど、その人たちがどんなキーワードに反応するのかがいまいちわからない」と言う人もいるのではないでしょうか。

バズる文章には、タイトルや本文に、読者が思わずクリックしてしまう言葉が入っています。

読者がどんな言葉に食いつくのか──。それを知るには、読者を研究することが一番です。私は次のサイトを見て、読者の情報収集をしています。

1 ニュースアプリ

スマートニュース　https://www.smartnews.com/ja/

インターネット上で話題になったニュースを、スマートフォン上で読めるニュースアプリ。時事ニュースからコラムまでジャンルは多岐にわたり、連携メディア数は3000以上。

旬の話題を知る目的はもちろん、ニュースがジャンルごとに分かれているので、ターゲット設定にも役立ちます。

たとえば「まとめ」を見ると、5ちゃんねるなどの掲示板で盛り

上がっている話題がわかり、ネット好きな読者が何を考えているのかを知ることができます。

　まず、ニュースのタイトルをざっと閲覧します。バズっている言葉や、いい表現だなと思ったものは、メモしたり、リンクを保存したりします。とくに感動する表現があったときは、内容を分析したうえで、Twitterでつぶやくようにしています（Twitter上のハッシュタグ「#タイトル職人」でまとめていますので、よろしければ@azumakanakoをご覧ください）。

　おもしろいと感じたものはテンプレートにしておくことで、ここぞというときに役立ちます。

 ## 人気の雑誌（ウェブで読めるものがおすすめ）

dマガジン、楽天マガジン、Kindle Unlimited、FODマガジン、U-NEXTなど

　いずれも月400円〜2000円程度で、500誌以上の人気雑誌・記事を見ることができます（アプリによっては漫画や動画も含む）。雑誌のジャンルもファッション、美容、スポーツ、エンタメと幅広いので重宝します。

　ターゲットに近い雑誌、テーマが近い雑誌を見ると参考になります（右ページの例参照）。読者がどんなキーワードや見出しに反応するのか、スキマ時間に見て、しっかりと研究しましょう。

雑誌の例

- 流行に敏感な20〜30代の女性…「an・an」「CLASSY.」
- ファッションに敏感な20〜30代の男性…「MEN'S NON-NO」「smart」
- 美容に敏感な20〜30代の女性…「MAQUIA」「美的」
- 庶民派の男性向け…「週刊SPA!」「週刊プレイボーイ」
- 子育て中のママ…「VERY」
- 流行に敏感な働く30〜40代の女性…「InRed」「Marisol」
- 忙しい40〜50代の主婦…「レタスクラブ」「LDK」
- 40〜50代でファッションに敏感な男性…「Safari」「LEON」「MEN'S EX」
- モノ好きの男性…「日経トレンディ」「DIME」

　他にも、知りたいと思ったターゲットの属性をTwitterで検索するのもおすすめです。

　主婦のことを知りたいと思ったら、Twitterで「主婦」と検索して、アカウントに「主婦」とついている人を探すようにします。すると、ターゲットとなる読者がどういうことに悩んでいて、どんなキーワードに反応するのかを知ることができます。

　雑誌と連動したウェブメディアもおすすめです。次ページに、参考になるメディアを紹介します。

- 20-30代…新R25、マイナビニュース、ハウコレ(女性)、TRILL（女性）
- 40-50代…東洋経済オンライン、プレジデントオンライン、NEWSポストセブン、OTONA SALONE（女性）
- 60代以上…サライ.jp、趣味人倶楽部

ぜひ時間のあるときに記事を見て、読者について研究を重ねてください。

なお、読者研究のやり方として、たとえば次のように、ランキングのタイトルや想定読者、気づいたことをメモしておくと便利です。

メディア名…WOAビューティー

記事ジャンル…美容・恋愛

ランキング…1位　100円コスメでモテる!
　　　　　　　2位　韓国コスメで高見え大作戦
　　　　　　　3位　プチプラ美容でキラキラ女子になる

想定読者…20代OL

気づいた点…低価格の化粧品を上手に活用するハウツー記事に人気が集まっている

書き始める前に「小見出し」
＝骨格を考えればスラスラ書ける

　小見出しとは、本文中に立てる見出しのことです。いわば「ここから、これについて話をします」という"宣言"のようなもの。

　よくウェブ記事の本文中に、10 〜 20字ほどのタイトルが載っていますが、あのイメージです。

　ウェブライティングにおいて、この小見出しを考える工程はとても重要です。小見出しは記事の構成、つまり「骨格」とも言え、この骨格さえできれば、よい文章ができたも同然だからです。

　小見出しがあれば、あとはそこに材料を肉づけし、文章を書いて仕上げることができます。

　文章を書き慣れていない人は、書いているうちに話が脱線しがちですが、先に小見出し（構成）を作っておくことで、迷走を防ぐことができます。

　また小見出しは、読者にとっても重要になります。時間のないウェブの読者には、本文を読み飛ばし、小見出しだけを拾って読む人もいるからです。

　小見出しに興味深いキーワードがあれば、「お、詳しく読んでみよう！」と記事を読むきっかけになりますが、「とくに興味を惹かれないな」と感じると、内容をきちんと読まずにそのページを去っ

てしまうのです。

とは言え、最初から完璧なものを目指す必要はありません。書く前の段階では、何について書くか、自分自身がわかっていれば十分だからです。仮の小見出しがあるだけで、文章を書くのが断然ラクになります。

よりよい小見出しは、文章を書き終わった後に推敲しても遅くはありません。まずは肩の力を抜いて、仮の小見出しを考えてみましょう。冒頭に「・」（中黒）をポチポチと打って、箇条書きのように作っていきます。

たとえば、テーマが「牛丼」で、仮タイトルが「私の好きな牛丼屋の特徴３つ」だとします。この場合、どんな小見出しが考えられるでしょうか。少し考えてみましょう。

NG例

・安い
・私は会社の休憩時間によく行く
・だから牛丼は最高

最初は、このくらいシンプルな小見出しでまったく問題ありません。それより問題なのは、仮タイトルは「牛丼屋の特徴」なのに、お店の特徴について書いてあるのは、1つ目の「安い」だけであるということです。

他の２つは、お店の特徴ではなく、個人の習慣や感想なので、

仮タイトルに対する答えになっていません。これでは、非常にアンバランスな印象です。

こういった、仮タイトルと小見出しが合っていないケースは、有力メディアの記事でもよく見受けられます。そうならないための方法として、自分が読んで違和感がないかどうかを見直すことをおすすめします。

仮タイトルに対し、答えになっていなかったらNG、逆に答えになっていればOKというふうに、仮タイトルと小見出しを考えたら、必ず見直して客観的に判断するようにしましょう。

では、先ほどのメッセージと小見出しを整理するとどうなるでしょうか。仮タイトルは、「私の好きな牛丼屋の特徴3つ」のままとします。

OK例

・安い

・早い

・うまい

これで、仮タイトルと小見出しの整合性が取れました。

小見出しは、あなたが書こうとしている文章のダイジェスト版。「小さなタイトル」といっても過言ではなく、通常のタイトルのつけ方と、そう大きく変わることはありません。

先ほども書きましたが、よりよい小見出しにするためには、文章を書き終わった後に推敲すればいいのです（推敲とは、文章を念入りに見直し磨き上げること。具体的なやり方については132ページ以降を参照してください）。

　完璧なものでなくてもいいので、まずは仮の小見出しを考え、骨格を整えることから始めましょう。

アイデア無限大！
プロのライターがやっている
3つの習慣

とにかく「ネタ帳」にメモ

私はこれまでにいろいろな人の文章を添削してきましたが、中には「書きたいことがない」と悩む人もいます。そんなときに重宝するのが「ネタ帳」です。

今すぐ記事にしなくても、ピンときたことは「ネタ帳」に書き留めることをおすすめします。私も、記事に使えそうだなと思ったことは、ふだんからメモ帳やスマホにメモしています。

たとえば地方で鉄道に乗ったときに、車窓から見た風景や乗り心地をメモします。きれいな街並みを見ていたら、つい「これ、文章にしたいなあ」という気持ちがわいてきます。これを書き留めておくと、のちに鉄道コラムを書くときなどに役立ちます。

他にも、「こんなことがあった」「ある人からこんなおもしろい話を聞いた」などのエピソードを、気づいたときにさらっと記録しています。

書き留める目的は、暗記するためではなく、「いつか役に立つかもしれない」というゆるい感じでOK。書いたことはたいてい忘れてしまいますが、それでいいと思っています。時間のあるときに眺めて「こんなネタがあったなぁ」と振り返るくらいで十分です。こういったことをゆるゆるとでも続けていれば、すぐに記事には直

結しなくても、数年後に役立つこともあります。ふとしたときに思い出して、一気にパワーがわいて書き上げることもあるでしょう。

　いずれにしても、いざ何か書こうと思ったときに、ネタに困らないので便利です。

「いいな」と思った文章は書き写す

　他にもネタ帳に、好きな作家やいいなと思った人の文章を書き写すこともあります。上手な人の文章を書き写すのは、文章の上達につながるのでおすすめです。

　私の場合、太宰治や坂口安吾が好きで、よく本の書き写しをします。

　他にも最近、雑誌『致知』（致知出版社）に掲載されている記事の見出しをメモしました（下写真）。

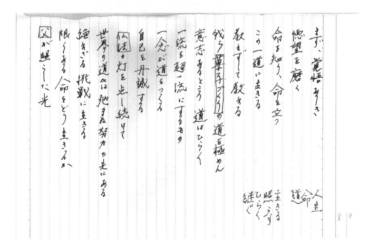

経営者が読むビジネス誌のタイトルを考えるという仕事だったのですが、『致知』と読者層が似ていると考え、日夜メモしたのです。すると、書いているうちに見出しの雰囲気をつかむことができ、「これは言葉を変えればテンプレートとして使えそうだな」といった発想が膨らんでいきました。

もし「こんな文章が書けるようになりたいな」という憧れの人がいれば、その人の文章を写経のように写してみてください。

続けるコツは、自分が好きなジャンルの文章を選ぶことです。苦しみながら興味のないジャンルを書き写しても、意味がありません。継続することに意味があります。楽しいから続くし、身につくのです。

小説に限らず、自分の執筆ジャンルに関する記事を書き写すのもいいでしょう。

私の場合、ビジネス、旅行、恋愛など様々な記事を執筆していますが、それぞれ文体のテンションは異なります。

ビジネスのように堅めの記事を書いた後に、旅行のようなカジュアルな記事を書くのは、気持ちの切り替えが難しいものです。

たとえば、旅行記事を書く前には、旅行メディアの文章を写してみましょう。すると自分の中で"旅行スイッチ"が入り、それにふさわしい文章がなめらかに出てくる気がします。

なるべく、正しい日本語を書き写すことをおすすめします。新聞、雑誌、書籍、大手ニュースサイトの記事は、掲載（印刷）前に校閲が入っています。正しい日本語かどうかをプロの目で細

かくチェックしているので、内容に信頼が持てます。誤った日本語表現を身につけないよう、手本となるメディア選びにも注意しましょう。

「ヒット曲の歌詞」をメモして語彙力を高める

語彙力を増やすために、ヒット曲の歌詞をメモすることもよくあります。ヒット曲はバズる単語の宝庫で、人々の心をつかむワードがたくさんちりばめられています。

私は昭和の歌謡曲が好きで、歌詞が1000曲掲載されている書籍『思い出のカラオケ名曲1000─歌いつぎたい、日本の歌謡曲』（日本文芸社）を見ては、記事やタイトルに生かせる表現がないかをよく探しています。

有名な歌詞をもじってタイトルに生かせば、「あれ、あの歌詞に似てる」と、読者が目を留めてくれるきっかけになります。

たとえば、明るく爽やかな恋愛記事にタイトルをつけるとしましょう。単に「素敵な恋」とするのは、何だかもったいない気もします。そこで、この記事のバックグラウンドに流れている曲がないかを想像します。

たとえば、昭和に活躍した女性アイドルの歌詞を参考にして、

「珊瑚礁のように青い恋」

という表現はいかがでしょうか。

　「素敵な恋」より「珊瑚礁のように青い恋」としたほうが、ぐっと表現力が増し、より透明感を感じますよね。

　先日、雑誌「プレジデント」（プレジデント社）の記事で、男女が両想いになることの難しさについて調査した記事があり、そのタイトルは「いつまでたっても恋の矢があなたの胸に刺さらない理由」でした。
　「あっ、あの歌だ！」とピンとくる人がいるかもしれません。とても印象的な詞であり、切なさが表現されています。私の好きなタイトルのひとつです。

　他にも、情念のこもった重苦しい愛情表現、お酒についての表現は、演歌が参考になります。ただメロディを愛でるだけでなく、歌詞の奥深さを注視すると、文章を上達させるきっかけになります。

　なお、個人・法人にかかわらず、JASRACが楽曲管理をしている歌詞をネットに掲載する場合は、許諾が必要です。
　ただし、アメーバブログやはてなブログなど、運営事業者がJASRACと許諾契約を締結しているサービスの場合、許諾を得る必要はありません。ヒット曲の歌詞をそのまま引用する場合は、必ず事前にJASRACのサイトで確認しましょう。

http://www2.jasrac.or.jp/eJwid/

第 3 章

真似するだけで
「いいね!」激増!
バズる記事
フォーマット7選

バズる記事には、いくつかの「型」があります。その「型」をフォーマットとして、7つ紹介します。

「自分の文章がなかなか読んでもらえない」という人は、まずはこのフォーマットに沿って書くことから始めましょう。ラクに書けるようになります。

こうすれば文章は
信じられないほどスムーズに書ける

　文章を上手に書くうえで、大切なポイントがあります。それは「1行目から書き始めない」ということです。

　「書く内容も決まったし、いよいよ書くぞ！」とテンションが上がってきたところに水を差すようで、申し訳ありません。

　文章は1行目から書こうとすると、つまずく人が非常に多いのです。読まれる文章を書こうとするあまり、空回りして「一体何から書けばいいのやら……」と途方に暮れてしまいがちです。

　ここで、スムーズに文章を書く順番例を紹介します。

１ 書くテーマを決める
２ 読んでほしい人を決める（ターゲット設定）＊１や３と逆も可
３ 仮タイトルをつける（伝えたいメッセージを端的に表す）
４ 書く材料を集める（5W1H情報収集法を活用）
５ 小見出しを考える（骨格を考える）
６ 中身の文章を書く（文章フォーマットを選ぶ）
７ 書き出しの文、締めの文を考える
８ 本番用タイトルを考える
９ 文章を推敲する

　１〜５は第1〜2章で説明しました。本章では、６の「中身の文章の書き方」を中心にお伝えしていきます。

バズる記事は
「フォーマット選び」で運命が決まる

　書き始める際に、「1行目から書き始めない」ということは理解してもらえたと思います。

　では、どこから書き始めればいいのでしょうか？

　いい文章を書くには、「型」選びが重要になってきます。

　型とは「フォーマット」のことで、文章には、テーマごとに最適なフォーマットがあります。

　「自分がいいと思う文章や記事は、型にハマった文章ではないような……」と思った人もいるかもしれません。その通りです。

　しかし、文章を書き慣れていない人が、いきなり独創的な文章を書くなどということはまずありません。

　まずは、書きたいテーマに合う構造を選択しましょう。最適なフォーマットを選べば、読者の心により響く文章を簡単に書くことができます。

　基本のフォーマットには、大きく分けて次の7種類があります。

①超基本の書き方！「サンドウィッチ法」
②報告文がバシッと決まる！「感情後出し法」

③主張したいことが伝わる!「三段ブロック法」
④商品のよさがPRできる!「超アピール法」
⑤集客に成功する!「メリット推し集客法」
⑥イベント報告でファン倍増!「レポート法」
⑦出来事をエモーショナルに伝える!「起承転結」

　あなたが伝えたい内容は、どのフォーマットに合いそうでしょうか。いきなり独創的な文章を書こうとするのではなく、いろんな型を使って練習することが、バズる文章を生み出すための秘訣です。

超基本の書き方!
「サンドウィッチ法」

　サンドウィッチ法は、ウェブライティングにおいてもっともベーシックな書き方です。ライティング初心者は、まずはこの型で書く練習を積みましょう。

　サンドウィッチ法は、ウェブの記事でよく見かける「1000万円貯金をする4つの方法」や「わが子を東大に入れる4つのメソッド」など、要素をポイントごとに並列して説明する記事や、数を打ち出した記事に適しています。

　なぜこのような名称をつけたかと言えば、サンドウィッチを作るように、文章の具材を挟むかたちで書いていくためです。書き出し文と締めの文がパンで、小見出しがハム、本文がレタスだと考えてください。これだと、難しさを感じないですよね。

　では、さっそく書いていきましょう。サンドウィッチ法の基本フォーマットは、次の通りです。

1 仮タイトル（記事で伝えたいこと）を決める
2 小見出しを考える
3 本文を考える（小見出しに沿った内容にする）
4 書き出し文を考える（記事の1文目に何を書くか）

　まずは①の仮タイトルです。最初はわかりやすくするため、次のようにしてみます。

仮タイトル

一人ランチにおすすめのレストラン3つ

　あくまで「仮タイトル」なので、このようなメモ程度で大丈夫です。続いてサンドウィッチのハムの部分となる、②の小見出しを用意します。小見出しは、箇条書きをするように、「・」をポチポチ打って考えていきます。

　たとえば、次のようになります。

小見出し

・イタリアン「ローマの風」
・焼肉屋「やきにく世界一」
・寿司「すし処ジャパン」

　箇条書きにしたのは、いずれも店名です。仮タイトルが「おすすめのレストラン」なので、店名がそのまま小見出しとなります。ここまで決まれば、記事は7割ほど完成したようなものです。

　小見出しができたら、次はサンドウィッチのレタスにあたる③の本文に移りましょう。「・」を打って作った小見出しを説明するイ

メージで書いていくのが、ポイントです。

記事の例

・イタリアン「ローマの風」

「ローマの風」はカジュアルなイタリアンで、堅苦しくない雰囲気。シェフはイタリアの三つ星レストランで修業を積んでおり、本格的な窯で焼かれ提供されるピザは絶品。カウンター席には女性の一人客も多く、気兼ねなく食事を楽しむことができます。

・焼肉屋「やきにく世界一」

「やきにく世界一」は、その日に市場で購入した新鮮な肉を食べられる焼肉屋です。店員が肉を焼いてくれるので、うっかり焦がすことなく、ベストな焼き加減で食べられます。カウンターは隣の客席と仕切られており、換気設備も完備。ランチ後の匂いも気にすることなく、思う存分楽しめます。

・寿司「すし処ジャパン」

カウンターのみの本格的な寿司屋。きめ細かなサービスと、芸術品のような料理の数々に、誰もが感動するはず。値は少し張りますが、“ご褒美飯”として、寿司を一人でじっくり味わいたいときにおすすめです。

　今回は例としてシンプルに書きましたが、実際に書く際は、内容を自分なりに工夫しましょう。ターゲットに合わせて「こんな人におすすめです」と書いたり、あまり知られていないと思われるお

得な情報を入れたりするなど、読者のメリットを第一に考えて書くのがポイントです。

　また、おおまかでいいので各項目の文字数を揃えると、見た目の美しい文章に仕上がります。

　小見出しの中身を書いたら、ほぼ完成です。上下からパンを挟んでサンドウィッチを完成させましょう。

　上のパンは「書き出しの文」。誘い文句や共感する言葉を入れて、読者の心をとらえます。さらに、下のパンは「締めの文」。読者にアクションを促します。

　まず❹の「書き出しの文」は、多くの人が書くことができずに悩むケースが多いですが、文量はたったの3文（70文字程度）でOKです。下記に、基本フォーマットを紹介します。書き慣れていない人は、こちらを真似して文章を書いてみてください。

> ➀ 〜って、……ですよね。（←読者に共感を呼びかける）
> ➁ そんな人もこれを読めば、すぐに〜できます。（←解決を示唆する）
> ➂ 今日は〜をご紹介します。（←記事のテーマを紹介する）

　今回は、仮タイトルが「一人ランチにおすすめのレストラン3つ」なので、お店選びに困っている人向けにアレンジするようにします（基本フォーマット部分に波線を引いています）。

書き出し文

　一人でランチを食べられるお店を選ぶのは、難しいですよね。そんな人も、これを読めばきっと見つけることができます。今日は、一人でも気軽にランチを楽しめるお店を3店ご紹介します。

　書き出し文はたくさん練習して、読者の心をつかめるくらい引き出しを増やすのがコツです（詳しくは110ページ以降を参照）。

　「書き出し文」の次は、「締めの文」です。「締めの文」は、具材である「本文」を挟む重要な役割を担っています。本文だけで終わると、もう1つのパンが足りず、サンドウィッチが成立しません。「締めの文」も、忘れず書いてください。

　こちらも、文量はたった3文でOK。ベースとなる文の型を下記に紹介します（詳しくは127ページを参照）。

1 今回は、〜についてご紹介しました。（←テーマをふり返る）
2 これで問題なく〜することができますね。（←問題の解決に言及）
3 ぜひ〜してください。（←読者へ前向きなメッセージ）

　今回の記事を当てはめると、次のような感じになります。

今回は、一人ランチにおすすめのお店について3店ご紹介しました。これでお店選びに苦労せず、ランチを楽しむことができますね。困ったときはぜひご活用ください。

これでサンドウィッチの具材がすべて揃いました。これらを合わせれば、記事は完成です！

仮タイトル:一人ランチにおすすめのレストラン3つ

　一人でランチを食べられるお店を選ぶのは、難しいですよね。そんな人も、これを読めばきっと見つけることができます。今日は、一人でも気軽にランチを楽しめるお店を3店ご紹介します。

・イタリアン「ローマの風」
「ローマの風」はカジュアルなイタリアンで、堅苦しくない雰囲気。シェフはイタリアの三つ星レストランで修業を積んでおり、本格的な窯で焼かれ提供されるピザは絶品。カウンター席には女性の一人客も多く、気兼ねなく食事を楽しむことができます。

・焼肉屋「やきにく世界一」
「やきにく世界一」は、その日に市場で購入した新鮮な肉を食べられる焼肉屋です。店員が肉を焼いてくれるので、うっ

かり焦がすことなく、ベストな焼き加減で食べられます。カウンターは隣の客席と仕切られており、換気設備も完備。ランチ後の匂いも気にすることなく、思う存分楽しめます。

・寿司「すし処ジャパン」
カウンターのみの本格的な寿司屋。きめ細かなサービスと、芸術品のような料理の数々に、誰もが感動するはず。値は少し張りますが、"ご褒美飯"として、寿司を一人でじっくり味わいたいときにおすすめです。

　今回は、一人ランチにおすすめのお店について3店ご紹介しました。これでお店選びに苦労せず、ランチを楽しむことができますね。困ったときは、ぜひご活用ください。

ここで終わってもいいのですが、サンドウィッチ法は、ウェブ記事と非常に相性がいいので、タイトルをつければそのまま記事になります。第6章の「バズるタイトル」の作り方を参考に、少しだけ考えてみましょう。

　サンドウィッチ法ととくに合うのは、161ページのテンプレート〈○○できる〜つの法則〉です。これに当てはめることで、次のようなタイトルをつけてみました。

タイトル例
お昼の時間が楽しくなる！「一人ランチができるお店」3選

「一人ランチの時間が楽しくなる」というメリットを前面に出した、充実した一人ランチを求めている人の心にしっかり響くタイトルになっています。

　以上で、サンドウィッチ法は完成です。ここまで紹介したことをひとまず覚えておけば、記事がラクに書けるようになります。

　本番用のタイトルまで考えられればパーフェクトですが、慣れないうちは、仮タイトルを考えるだけでも十分です。いろいろな題材でたくさん練習し、ライティングの基礎を固めてください。

報告文がバシッと決まる!
「感情後出し法」

　SNSには連日、「報告」があふれています。社内外での受賞報告、転職や異動などの仕事に関する報告もあれば、結婚や出産、引っ越しをはじめとする身の上話まで様々です。

　しかし、それを見て「何だか読みづらい」「自慢っぽくて"いいね!"を押す気にならない」などと感じたことはありませんか?
　そうならないよう、感じよく、かつ、端的に伝わる上手な報告の仕方をお教えします。

　内容は3つのパートに分けて、次のような順番で書いていくのがポイントです。

・事実……報告したい事実を"感情抜きで"淡々と書く
・経緯……事の経緯を書く
・感想&意気込み……事実についての感想

　この構成で書けば、読者が知りたい順番で情報を発信することができるうえに、読みづらさも回避できます。とくにTwitterやFacebookへの投稿に向いている書き方です。

　ライティング初心者は、「うまく書きたい」という情熱に身を任

せてつい、最初に自分の感情を書いてしまいがちですが、それは
NGです。冒頭で事実を淡々と書くからこそ、読者も冷静な気持
ちで文章を読むことができます。

　事実を書いた後は、事の経緯を書きましょう。読者は何か報
告を目にすると、「どうして？」といきさつを知りたくなるものです。
ここまでは、自分の感情は我慢して押し留めることが重要です。
文章の冒頭で感情を書いてしまうと、伝えたい軸がずれてしまい、
読みづらくなってしまいます。

　最後にあなたの感想を書きましょう。ここまで抑えていた感情
を思いきり爆発させるのもありです。

　たとえば結婚や出産などの報告文の場合、喜びの感情を伝え
るため、最後の最後に「がんばります」という一言を添えてみま
す。こうすることで健気さが表現され、「自慢っぽさ」を回避する
ことができます。
　これらが、文章を最後まで読んでもらうためのコツです。

　では早速、文章の骨格作りから行いましょう。構成に沿って、
書く内容をメモします。SNSに投稿する「結婚報告」の文章を例
に作ってみます。この構成はメモなので、きちんとした日本語で
なくてもOK。何を書くかが自分自身でわかるように、サッと書く
程度で十分です。

箇条書きの例

- 事実…今年の6月に結婚する
- 経緯…相手とは2年の交際を経た
- 感想＆意気込み…うれしい！　超幸せ！　超ハッピー!

　この構成に沿って、内容を肉づけしていきましょう。53ページでお伝えした「5W1H整理法」を意識すると、書きやすくなります。

記事の例

- 事実…今年の6月に結婚する

今年の6月に結婚することになりました。結婚式はハワイで挙げる予定です。

- 経緯…相手とは2年の交際を経た

相手は職場の先輩です。出会ってから2年間、つき合いを続けてきました。

- 感想＆意気込み…うれしい！　超幸せ！　超ハッピー!

大好きな人と結婚できてとても幸せです！　アー、ほんと幸せ。こんなに幸せなことがあっていいの？　この幸せ、みなさんにも分けてあげたいです、ウフ。新居にも遊びに来てね～！　こんな私ですが、これからもどうぞヨロシク。新婚生活がんばります。

　いかがでしょうか？　事実は先に出し、感情は後出しにして爆発させたほうが、たくさんの人に読んでもらえる文章になります。

主張したいことが伝わる!
「三段ブロック法」

　「三段ブロック法」は、何かを主張したいときや提案したいとき、人を説得したいときに最適なフォーマットです。

　81ページのおすすめレストランの記事では、店名を並列し、その後に理由を説明する「サンドウィッチ法」を用いました。

　この「三段ブロック法」は、「サンドウィッチ法」に少し似ていますが、より主張したいテーマがはっきりしているときにおすすめのフォーマットです。次の3つのブロックを積み上げるようなかたちで構成されています。

> ・序論…伝えたい（主張したい）話題を提示
> ・本論…その理由や根拠
> ・結論…最終的な主張

　最初に、読者に伝えたい話題と、主張したいことをはっきりと書きます。次に、主張する理由や根拠を展開。しっかりと論理を通しながら書くことで、説得力がぐっと増します。最後にもう一度主張したいことを書きます。「念押し」のようなイメージで、強く自分の気持ちを書きましょう。

では実際に、フォーマットに沿って要素を書き込んでみましょう。伝えたい話題は、「夏休みに鉄道旅をすすめる」とします。

箇条書きの例

・序論…夏休みに「鉄道旅」をすすめる
・本論…鉄道旅の楽しさを紹介
・結論…鉄道旅は最高!

このように構成ができたら、文章を仕上げていきます。

記事の例

・序論…夏休みに「鉄道旅」をすすめる
もうすぐ夏休み。カレンダーは埋まっていますか? まだ予定を決めていないという人には、「鉄道旅」をおすすめします。

・本論…鉄道旅の楽しさを紹介
鉄道旅には、楽しめる要素がたくさんあります。車窓から流れる景色は、日々の疲れを癒してくれます。目的地を決めずに、ふと思い立った駅で降りてもいいでしょう。

・結論…鉄道旅は最高!
というわけで、この夏はぜひ鉄道旅に出かけてみてください。きっと楽しい発見があるはずです。

結論にもあるように、最後にポイントをもう一度くり返すのがコツです。主張したいことをくり返すことで、より読者の心に訴えかける文章になります。

　「三段ブロック法」は、注意喚起をしたいときや、体験談を語りたいときにも有効です。振り込め詐欺に対する注意喚起の文章を作ってみましょう。
　ここでもう一度、フォーマットの詳細をおさらいします。

・序論…伝えたい（主張したい）話題を提示
・本論…その理由や根拠
・結論…最終的な主張

　振り込め詐欺に対する注意喚起を上の3要素に肉づけすると、どうなるでしょうか。たとえば、次のようになります。

箇条書きの例
・序論…**振り込め詐欺の被害が多発している**
・本論…**自分の知り合いでも被害に遭った人がいた**
・結論…**読者も気をつけてほしい**

　ここまで内容が固まれば、完成はすぐそこです。この構成をもとに、詳細を書き込んでいきましょう。

記事の例

・序論…振り込め詐欺の被害が多発している

最近、振り込め詐欺の被害者が増えています。自分の息子（娘）を名乗る若者から「事故を起こしたから、お金を口座に入れてほしい」という電話があり、その話を信じてしまい、お金を騙し取られてしまうというものです。

・本論…自分の知り合いでも被害に遭った人がいた

私の友人のお母さんも振り込め詐欺の被害に遭いました。娘を装った人物から「買い物をしすぎて借金を作ってしまった。100万円、お金を貸してください」と泣きながら電話があったそうです。心配したお母さんは、すぐに銀行に行き、指定された口座に現金を振り込みました。「お金届いた？」と娘に確認すると、「借金？　何の話？」と聞かれ、そこで騙されたことを知ったそうです。

・結論…読者も気をつけてほしい

一度振り込まれたお金は取り戻すのが、非常に困難です。もしこのような電話がかかってきたら、一度切りましょう。そして、いつも連絡を取り合っている番号に電話をして、本人に確認します。そうすれば、被害を防ぐことができます。

　このように、実際に起きたことを、事例を使って書くことで、説得力の強い文章になります。事例は一つだけでなく、複数書いてもOKです。どの事例が読者に一番響くか、想像しながら選んでいきましょう。

商品のよさがPRできる!
「超アピール法」

　商品やサービスをPRするときは、この構造を使いましょう。単に商品の名前を連呼するだけでは、アピールになりません。商品のよさはもちろん、実際に使用者の声を紹介することで、商品の優れた点を裏づけていきます。これが「超アピール法」です。

　アフィリエイト（成果報酬型の広告）など、商品を販売するための文のフォーマットとして役立ちます。
　基本の文章構造は、次の通りです。

> ・読者の悩みに共感…冒頭で読者の悩みを代弁する
> ・商品の内容…その商品（サービス・イベントなど）の特徴と、
> 　　　　　　　読者のメリット
> ・愛用者の声…実際に使っている人の声
> ・商品情報…料金、販売方法、キャンペーン、日程、詳細
> 　　　　　　リンクなど

　商品・サービスのPRをするときは、使う人にいかにメリットがあるかを書くことが大切です。読み手のニーズや悩みごとをしっかりと察知し、正しい解決法を当てていくこと。そのために、まずは冒頭で読者と悩みを共有しておくことが欠かせません。
　読者が「そうそう、悩ましいんだよな」と悩みに共感したところ

で、それを解決する商品を華々しく紹介します。読者が悩みを解決するイメージを持てば、その商品・サービスを購入する確率が高まります。「簡単に」「誰でも」という言葉を用いて、読者にアピールしていきましょう。

それでは実際に、「軽い折りたたみ傘」をPRする記事を書いてみましょう。フォーマットに沿って、文章の骨格を作っていきます。書く内容は、1行くらいのメモ程度で問題ありません。

簡条書きの例
- 読者の悩みに共感…**折り畳み傘はバッグの中でかさばる**
- 商品の内容…**商品名「うすカサ君」、畳んだときの厚さはわずか2cm、持ち運びがラクちん**
- 愛用者の声…**「まるで持ち歩いていないような感覚」**
- 商品情報…**2000円、ネットの限定方法、今だけ梅雨キャンペーン実施中、詳細リンク×××**

ここまでできたら、構成を崩さないようにしつつ、中身の文章を詰めていきましょう。

記事の例
- 読者の悩みに共感

「今日は夕方から雨が降る」。そんな天気予報を聞いたら持ち歩くのが折り畳み傘。でも折り畳み傘って、意外とかさばりますよね。バッグの中に入れていても、気にならない傘があればいいなと思いませんか？

・商品の内容

そんな人に試してほしいのが、新時代の折り畳み傘「うすカサ君」です。何と、畳んだときの厚さはわずか2cm。まるで文庫本のような薄さで、カバンにもすっと入ります。持ち運びがラクなのです。

・愛用者の声

ここで、愛用者の声を聞いてみましょう。

「これまで使っていた大きな折り畳み傘の重圧から解放されました」(30代女性)

「旅行にはいつも持って行きます。薄くて軽いので、とても重宝しています」(70代男性)

・商品情報

持ち運びがラクちんな折り畳み傘「うすカサ君」は、1本2000円で販売中。現在は、ネットショップのみでの取り扱いとなります。今だけ「梅雨キャンペーン」を実施中。7月末までの購入で、防水スプレーをプレゼントします。

詳細・購入はこちらから>>>×××

このように、商品をPRするときは、読者に対してメリットをしっかり示すことがポイントです。「あなたの生活が格段によくなります」という思いをしっかり伝えてください。

集客に成功する!
「メリット推し集客法」

　前節で紹介した、商品をPRする文の構成「超アピール法」は、イベントやセミナーの告知にも使えます。ポイントは、読者の悩みに共感しつつ、その悩みが解決できると強調すること。メリットを前面に押し出して集客するための文章フォーマットです。

　音楽ライブなどのエンタメ系イベントをPRしたいときは、楽しさを最大限アピールすることを忘れずに。

　「超アピール法」のフォーマットをイベント用にアレンジすると、次のようになります。

> ・読者の悩みに共感…冒頭で読者の悩みを代弁する
> ・イベントの内容…イベント名&内容と、読者のメリット
> ・参加者の声…(過去に開催歴がある場合)過去に参加した
> 　　　　　　　人の声
> ・イベント概要…日時場所、料金、定員、申し込み方法など

　イベントの内容には、開催するプログラムはもちろん、主催者や登壇者の情報も書きましょう。この内容が具体的であればあるほど、読者の参加したい気持ちは高まります。

　冒頭で悩みに共感しつつ、「その悩みが解決できます」「こんなことが学べます」など、読者が得られるメリットをしっかり明示

して、告知文を書いていきましょう。

　また参加者を増やすために、「気軽に」「誰でも」などの言葉を使うことで、読者の心理的ハードルを下げることができます。

　では、「東香名子が主催するウェブライティング教室」を例に、文章を書いてみましょう。

　まずは文章を構成する要素を、フォーマットに沿って箇条書きにしていきます。

箇条書きの例

- 読者の悩みに共感…ネットでバズる文章を書きたいけれど、上手に書けない
- イベントの内容…「東香名子のウェブライティング教室」。バズる文章テクやタイトルづけのコツを教えるので、ウェブライティングのスキルが上達する
- 参加者の声…「いいね! の数が2倍になった」など
- イベント概要…10月2日（土）18 〜 20時、場所は×××セミナールーム、参加費無料、定員20名、申し込みはTwitterから

　このように、フォーマットに沿って大まかに構成ができたら、中身の細かい文章を作っていきましょう。

記事の例

・読者の悩みに共感

「ネットでバズる文章を書きたいけれど、上手に書けない」。こんなふうに思っていませんか？　実はコツさえつかめば、誰でも簡単に、人に読まれる文章を書くことは可能です。書くのに慣れていない人でも文章テクニックが身につくセミナー「東香名子のウェブライティング教室」を開催します。

・イベントの内容

このセミナーは、ウェブメディアコンサルタントの東香名子が主催。誰でもすぐに実践できる「バズる文章」のコツを学べるスクールです。たった5つのコツを身につけるだけで、上手に文章が書けないという悩みが即解決！　さらに、タイトルづけがラクになるゲームコーナーもあります。書くことに悩みを抱えるすべての人が、気軽に参加できる内容です。楽しくバズるコツを学びましょう!

・参加者の声

過去の参加者から、こんな感想をいただいています。

「習ったことをさっそく実践したら、SNSのいいね！が増えました。うれしい!」(20代女性)

「タイトルづけの山手線ゲームがよかった。教室で学んだことをメモして、デスクに貼って、いつでも文章に生かせるようにしています」(50代男性)

・イベント概要

「東香名子ウェブライティング教室」
日時:10月2日(土) 18〜20時
場所:×××セミナールーム
参加費:無料
定員:20名
お申し込みは、ホームページhttps://azumakanako.com/
からお願いします。

　さあ、あなたも書けない悩みを解決し、今日からバズる記事を書けるようになりましょう!　みなさまのご参加をお待ちしています。

　これで、イベントの告知文は完成です。

　この書き方は、ブログやFacebookなどで集客する際に効果的です。内容が充実していることをアピールし、たくさんの人をイベントに呼び込みましょう。

文章パターン6

イベント報告でファン倍増!
「レポート法」

　イベントやセミナーを開催(参加)したら、その様子を後日、SNSで発信しましょう。盛り上がった様子をアピールして、参加できなかった人にも雰囲気を感じ取ってもらうことが重要です。

　何より、その記事を見て「おもしろそう。私も行ってみたい!」と思ってもらうことができれば、次回以降の集客にもつなげることができます。

　フォーマットは「レポート法」がおすすめです。次のような構成で作りましょう。

・開催概要…イベント名、開催日時、場所、参加人数
・イベントの内容…何が行われたのか、どんな楽しいことがあったのか
・参加者の声…当日参加した人の感想
・次回のイベント告知…次回以降についてアピールをする

　レポート文を書くときのコツは、1文目に、いつ・どこで・どんなイベントが行われたかを明確に表現することです。

　最初に事実を書くことで、読者は頭の中を整理しながら読むことができます。

参加人数を書いて、イベントの規模を知らせることも重要です。「約100名」などの大まかな書き方ではなく、「112名」など、正確な数値を書いてリアリティを演出します。少人数でも問題ありません。イベントは開催（参加）することに意義があります。

　続いて、イベントの内容や雰囲気を伝えます。ここではポジティブなことだけを書くように心がけましょう（ネガティブな内容は、見ていると疲れてしまいます）。参加した人の声も忘れずに。
　最後に、次回以降の告知を入れること。予定がなくても「〜月頃の開催を目指します」など、未来への可能性を書くと、ポジティブに文章を締めることができます。

　それではここで、先ほどの告知文でも登場した「東香名子のウェブライティング教室」のレポート記事を作ってみましょう。まずは骨格から箇条書きにしていきます。

箇条書きの例

・開催概要…「東香名子のウェブライティング教室」
　　　　　　開催日:10月2日（土）、場所:×××セミナールーム、参加人数:18名
・イベントの内容…バズる文章の5つのコツをレクチャー、タイトルづけの山手線ゲームなど
・参加者の声…「楽しく学べた!」など
・次回のイベント告知…次回は今のところ未定

ここまでできたら、内容を詰めて文章を完成させましょう。

記事の例

・開催概要

10月2日、「東香名子のウェブライティング教室」が×××セミナールームで行われ、18名の方にご参加いただきました。

・イベントの内容

前半はホワイトボードを使い、バズる文章を書くための5つのコツをレクチャー。参加者は、自分の専門テーマと照らし合わせながら、熱心にメモを取っていました。

後半は、タイトルづけがラクになる山手線ゲームを行いました。教室内がワンチームとなり、バズる言葉をたくさん発掘していきました。

終了後も、熱心に質問してくれる人などもいて、参加者のライティング熱はとどまることを知りません。

・参加者の声

「文章を書くのは、こんなにも簡単で、しかも楽しいんだと驚きました。趣味のブログに活かします」（30代男性）

「ウェブライター歴2年ですが、自分が知らないテクニックが満載で、目から鱗が落ちました。明日、仕事仲間にもシェアしようと思います」（20代女性）

「山手線ゲームを通じて色々な言葉を知ることができ、タイトルに入れる言葉の勉強になりました。今日学んだ言葉を、早速タイトルに使ってみようと思います」（30代女性）

・次回のイベント告知

参加してくださった方、ありがとうございました!

みなさまからご好評をいただいている「東香名子のウェブライティング教室」。次回の開催は未定ですが、2月頃を目標に準備を進めています。お楽しみに〜!

以上がレポート文作成のコツです。

「遠足は帰ってくるまでが遠足」というように、「イベントは、開催後のレポートを書くまでがイベント」と覚えておきましょう。

出来事をエモーショナルに伝える!
「起承転結」

　創作文や日記、自分の話を劇的に伝えたいときにおすすめの構成が、「起承転結」です。

　「起承転結」にはそれぞれ4つの役割があり、いろんな解釈がありますが、私が考える「起承転結」は次の通りです。

- 起…オープニング、舞台や登場人物の紹介
- 承…物語が展開していく過程
- 転…クライマックス、どんでん返し
- 結…結末、オチ

　このフォーマットを使って、自分の話を書いてみましょう。

　仮にあなたがイラストレーターだとして、雑誌デビューが決まってうれしい気持ちを書くとすると、どうなるでしょうか。

　伝えたい内容を、まずは箇条書きにしてみましょう。

箇条書きの例

- 起…イラストレーターを目指していた私
- 承…いろんな出版社に持ち込むも採用に至らず
- 転…たまたま隣の席の人が、編集者だった
- 結…そんなわけで、デビューが決まりました!

では実際に、このフォーマットを使って、あなたの体験談やエピソードを書いてみましょう。

　私は子どもの頃から絵を描くのが好きで、いつしかイラストレーターになるという大きな夢を持っていました。
　美大を卒業後、イラストをいろんな出版社に持ち込むも、採用には至らず……。仕事の厳しさを実感していました。

　夢をあきらめかけていたそのときでした。カフェでいつものように絵を描いていたところ、隣の人に話しかけられたのです。何と、その人は雑誌の編集者で、たまたま挿絵を描いてくれる人を探していたというではないですか!　その編集者は、「絵を見てピンときた。誌面で描いてもらえませんか」と、夢のようなことを言ってくれました。

　そんなわけで、雑誌デビューが決まりました!　来月発売です。このチャンスを活かして、これからもいろんなところでイラストを描いていけるように頑張ります!

　いかがでしょうか。筋の通った「起承転結」のフォーマットを使うと、たとえ1文ずつでも、伝わりやすい文章を書くことができます。
　「結婚した」「子どもが生まれた」などのプライベートな出来事はもちろん、商品開発のストーリーなど、熱い思いを伝えたいときにも有効です。

その内容で本当に大丈夫？
記事を投稿する前にチェックしたい
"読者目線"

ウェブに文章を書く際、知っておくと参考になるのが「ウェブ読者の3ナイ欲求」です。具体的には、次の3つです。

お金をかけたくない

できるだけ安く、できれば無料で物事を実現したいという欲求。無料情報や、バーゲンなどのお得な情報は、ウェブでは人気が出やすい傾向にあります。

時間をかけたくない

できるだけ短時間で、手っ取り早く物事を実現したいという欲求。時間の短さを記事でアピールすることで、読者から好反応を得られます。

手間をかけたくない

物事を簡単にさくっと実現したいという欲求。「簡単」「シンプル」「誰でも」という言葉に好反応を示します。

これらを知っていると、おのずと書く内容が本当に読者の役に立つかどうかを判断することができます。

第 **4** 章

これさえ守ればOK!
「バズる書き方のルール」

バズる記事には、テーマは違っても、「書き出し文」や「書き方」などに共通するルールがあります。このルールを知っているかどうかで、読者の反応は大きく変わります。

文章は「書き出し文」が命!
バズる導入文3パターン

　どんなに最適なフォーマットを選んで書いても、書き出しの文章がイマイチだと、その先を読んでもらえません。

　読者は、記事の1文目から読み始めます。

　つまり、書き出しの文章で読者の心をつかめるかどうかで、その記事や投稿の明暗は決まると言っても過言ではないのです。

　だからこそ、1文目は魂を入れて書くことをおすすめします。

　記事を書き終えた後、文章をそのままネットに投稿してしまう人は多いと思います。しかし、アップする前にもう一度、1文目を熟考してみることで、他の文章と大きく差をつけることができます。書き出しの文は、最後の最後までこだわりぬきましょう。

　読者の心にアプローチする1文目は、おもに次の3パターンあります。

> 1 読者に直接問いかける方法
> 2 「〜ですよね」と、読者の気持ちを代弁する方法
> 3 読者を驚かせて心を惹きつける方法

①の、読者に直接問いかける方法は、たとえば「〜をご存じですか?」という問いかけです。新しいものを紹介する記事や何かのPR記事、ハウツー記事の冒頭に使ってみましょう。読者は「おっ、何だろう?」と興味をそそられます。

　少し読者をあおる調子で「あなた、まだ〜をやっているんですか?」という問いかけとしても使えます。

　たとえば、声でテキストを入力できる機能を記事で紹介するとき、文章の冒頭に「まだ自分の指でテキストを打ち込んでいるんですか?」といった文章を入れるイメージです。

　②の「〜ですよね」と、読者の気持ちを代弁するテクニックも、1文目には有効です。読者の心に寄り添う一言を書きましょう。「自分の指でテキストを打ち込むのは、なんか面倒臭いですよね」といった具合です。

　読者は「これを書いた人、私のことをわかってくれている!」と書き手への信頼度を高め、記事を読み進めてくれます。

　文章の冒頭で問いかけや共感する文章を書いた後は、すぐに明確な答えを打ち出しましょう。「まだ自分の指でテキストを打ち込んでいるんですか?　今は声で入力するほうが便利です。おすすめのツールを紹介しましょう」といった感じです。

　そして③の、読者を驚かせて心を引きつける方法では、読者が驚きそうな言葉や意外性のある一文を冒頭に持ってきます。

有名な小説の冒頭は、心が惹きつけられる書き出しが多いですよね。たとえば夏目漱石の名作『吾輩は猫である』は、「吾輩は猫である。」の一文で始まります。通常、物語の主人公は人間が多いのに、冒頭で「私は猫です」と、何の前触れもなく名乗っています。このインパクトは絶大で、つい先を読み進めたくなりますよね。

　太宰治の『走れメロス』は、「メロスは激怒した。」の一文で始まります。いきなり「激怒した」と言われると、「どうしたの？　何があったの？」と興味をそそられますよね。

　印象的な一文を入れることで、読者は好奇心を刺激されて、続きを読んでみたい気持ちにかられます。文は、主語と述語だけで構成（時に主語を排除）し、かつ、強い気持ちで断言するのがいいでしょう。

　たとえば、次のような文章があったとします。

NG例

私の健康法をお教えしましょう。それは、水を2リットル毎日飲むことです。

これをインパクトのある冒頭に変えるとこうなります。

OK例

水を2リットル毎日飲む。これが私の健康法です。

いかがでしょうか。少し変えただけですが、前の文章より印象が強くなりましたね。

　一流の編集者やライターは、とくに1文目にこだわります。文章を書くときは、ぜひ110ページで挙げた3つのパターンを意識してみてください。

　困ったときは、読者と対話するようなイメージで書き進めるのもありです。話題に合わせて、文章で読者に問いかけるのです。

　1文目に、「日本の夏は暑くてたまったものではないですよね」という共感の言葉を入れてもいいでしょう。

　「こんな迷惑な人、周りにいたら困りますよね」などと、記事を読み進めている読者の感想を代弁するのも有効です。

　1文目に何を書けば読まれるのか、いろいろ試しながら、自分なりの書き出し文を探ってみてください。

「一文は短く書く」のが
ライティングの大鉄則

　ライティング初心者の特徴に、「一文が長くて読みづらい」というものがあります。書きたいことが多く、情報が整理されていないと、だらだらと要領を得ない、残念な文になってしまいます。

　そうならないためにも、「一文は短く書く」ことをおすすめします。早速、残念な例を見てみましょう。

NG例

> 日本は春夏秋冬と4つの季節がありますが、私が一番好きな季節は春で、なぜかというと、桜がとてもきれいで、東京に住んでいる私は、桜の名所の一つである目黒川を毎年訪れていて、友達とも「きれいだね」と言いながらお花見を楽しんでいます。

　いかがでしょうか。伝えたいことはわかるのですが、一つの文に情報が多すぎて、いまいち内容が頭に入ってきません。

　この文を、「一文を短く書く法則」にのっとって改善してみましょう。

OK例

日本には、春夏秋冬の4つの季節があります。その中で私が一番好きなのは春です。なぜかと言えば、桜がとてもきれいだからです。東京に住んでいる私は、桜の名所の一つである目黒川を毎年訪れます。友達とも「きれいだね」と言いながらお花見を楽しんでいます。

たったこれだけで、すんなり情報が頭に入ってきたのではないでしょうか。

変えたのは「一文の長さ」です。最初のうちは短い文章に慣れず、「こんなに短くしていいの?」とか、「"です"が2回続くけど大丈夫なの?」と不安になるかもしれません。

しかし、一文をできるだけ短くし、スッキリさせたほうが、格段に読みやすくなります。文章を書くときは、一文30文字以内を目安にしましょう。

メディアに掲載される記事でも、長い文章は、読者が離脱する一因となります。「読まれない記事」と「読まれる記事」は、PV数を見れば一目瞭然です。

文字が絨毯のように敷き詰められているだけの記事では、読者が逃げてしまいます。そうならないためにも、段落ごとに改行を入れて見やすくしましょう。

話題が変わるときは、小見出しを入れます。これらは読者にとって目印になるだけでなく、「休憩」にもなります。

なお小見出しは、長くても約500文字ごとに1回入れるのが、目安です。ウェブ記事などで、複数にわたってページを読ませたい場合は、改ページも積極的に設定しましょう。ページが変わる前に「次のページでは、〜について紹介します」と予告の文章を入れることで、次ページへのクリック率が高まります。

　文章の中に予告を入れずに、次ページのリンクボタンの直前にあえて文言を独立させて、読み手のクリックを誘うテクニックもあります。【 】を使って上手に予告テキストを作成しましょう。

予告テキスト例

　【次ページ】赤っ恥!　花見で起きたハプニング

　【次ページ】の後のテキストは、長すぎると読者が読みづらく、逆効果です。長くても15文字にとどめ、内容を端的に書きましょう。次ページに実際に出てくる小見出しを取り入れて書くようにすると、文章が上手に繋がります。

　またランキング記事でページをまたぐ場合、「果たして1位は……?」のように、期待感を抱かせるようなテキストを入れるのもいいでしょう。

予告テキスト例

　【次ページ】人気お花見スポット1位は……?

　クイズの問題文のようにすると、読者が「答えは何だろう?」と、楽しみながら次ページへ進むことができます。

「話し言葉」を
文章にするときの注意点

ライティングに慣れていない人は、話し言葉で文章を書く傾向があるので注意が必要です。話し言葉を文章化すると、余分な言葉が多くなってしまい、まどろっこしい印象を与えがちです。話し言葉に忠実に書くと、たとえば次のようになります。

> **NG例**
>
> もともとですね、「ブッダ」という言葉ですが、それは自分の生き方、まあ、何と言うか、自分の生きる道に目覚めている覚醒した人という、そんな意味を持つわけです。

なんとなく意味はわかりますが、少し回りくどいですよね。話し言葉が多いのが、読みにくさの一因になっています。書き言葉に直してみましょう。

> **OK例**
>
> もともと「ブッダ」という言葉は、「自分の生き方、自分の生きる道に目覚めた覚醒した人」という意味を持ちます。

スッキリとわかりやすい文に変わりましたね。
文章を書くのに慣れていない人は、最初は書き言葉で場数を踏み、少しずつ話し言葉を織り交ぜていくのがベストです。

「読めない言葉」があるだけで
読者は離脱する

　記事を読んでいて、意味のわからない難解な言葉が出てくると、読むのに疲れてしまったことはないでしょうか。そして、ページを閉じる ──。これは、誰もが日常的に経験していることでしょう。

　最後まで読んでもらうためには、小学5年生でもわかるような、シンプルな表現を使うことをおすすめします（なぜ小学5年生なのかは151ページで詳しく書きます）。

　ビジネス用語や業界用語など、一部の人しかわからないような言葉には注意が必要です。たとえば「カニバる」「アジェンダ」などが挙げられます。その言葉を使っていない人は意味がわかりませんよね。「市場シェアを奪い合うことを『カニバる』と言いますが……」と書くなど、表現を工夫しましょう。読者を置いてけぼりにする〝悲しき書き手〟にならないことが大切です。

　他にも、たとえ国語辞典に載っている言葉や、調べればわかるような言葉でも、日常的に使わない言葉は、選ばないのが鉄則です（「陶冶」や「晩生」といった言葉などがあります）。

　専門書や論文など、難解な書物であれば、日常的に使わない

言葉を使っても違和感はありませんが、ライトな読み物であるウェブメディアだと、途中で離脱される要因になります（もちろん、「この漢字、読めますか?」と難解な漢字を紹介する記事に使うのは問題ありません）。

　ふだん何気なく使っている言葉でも、意外と読み手が理解しづらいものもあります。その言葉を見て、読者がちゃんと理解できるか、今一度確認しましょう。下記に代表的なカタカナ語を紹介しますので参考にしてください。

カタカナ語の例

アジェンダ…実施すべき計画

コミットメント…約束する

コンセンサス…合意

コンテクスト…文脈

サマリー…要約

スキーム…枠組みを持った計画

ステークホルダー…企業を取り巻く利害関係者

パラダイム…考え方

バジェット…予算

バッファ…余裕を持たせている状態

フェーズ…物事の段階

ペンディング…保留

ベネフィット…利益

リソース…資源、財源

読者が「なるほど!」と腹オチする 語尾の法則

　文章を書くときに、「〜だと思います」「〜かもしれません」といった曖昧な表現を量産していませんか？　断定しない文章は、読者にとっていい記事とは言えません。

　確かに最初のうちは、断定をするのが怖いですよね。「〜です」と言い切ったのに、間違っていたらどうしよう。誰かに指摘されたらどうしよう……といった恐怖感があるため、つい文章を曖昧な表現で締めくくりがちです。

　しかし、書いた記事をバズらせて、たくさんの人に読んでもらいたいのであれば、語尾を曖昧な表現にするのはやめましょう。文章を曖昧なかたちで終えると、自信のなさが読者に伝わってしまい、いまいち説得力がなくなってしまうのです。
　とくに記事を締めくくる最後の文は、断定のかたちで終わらせることが大切です。

　たとえば、ある商品のPR文を書くとします。途中まで「この商品、ここが素敵です。ここが超クールです」と書いていたのに、まとめの文章で「この商品を使えば、あなたも最高の人生が送れる可能性があると思います」というかたちで終わっていたらどうでしょうか。読者は拍子抜けして、「結局（商品を）おすすめしてい

るのか、そうでないのかがわからない」と、モヤモヤした気持ちになりますよね。

　逆に「この商品を使えば、あなたもきっといい人生が送れます」と言い切るとどうでしょうか。記事の言葉に背中を押され、ますます商品に興味を持ちませんか？
　最後の文が、スパッと断定形で終わっていると、読み手は爽快で心地がいいものです。

　「読者がいい人生を送れなかったらどうしよう」という不安は捨て去りましょう。「いい人生が送れなかった！どうしてくれるんだ」とクレームをつけてくる人は、現実にはほとんどいませんから。

　専門家になったつもりで、強い気持ちで情報発信をしていきましょう。最後の文を断定形で終えるだけで、読者は「なるほど、頼もしい内容だな」と、あなたが書いた記事に信頼を寄せるようになります。

人気の書き手は
「愚痴や中傷」を書かない

　嫌なことがあると、「ちょっとの愚痴ならいいか」と、SNSに書き込んでしまうことはありませんか？　こういうタイプの人は、要注意です。長い目で見ると、読者が離れる危険性があります。
　怒りの矛先が自分に向いていなくても、愚痴やネガティブな言葉は、気持ちのいいものではありません。

　仕事で知り合った人のSNSに愚痴がつらつら書かれていると、「ウワァ……」と、一瞬で気持ちが引いてしまいますよね。
　その人にとっては初めての愚痴であっても、他人には「ネガティブな投稿をする人」と映ってしまいます。そして、一度ついた印象を払拭するのはなかなか難しいです。

　また最近問題視されているように、特定の人に対しての誹謗中傷は、悪ふざけでも、決して投稿してはいけません。
　とくに、会社やお店など、オフィシャルアカウントでのネガティブな投稿は、絶対にNGです。

　個人のSNSであれば、もちろん何を書くのも自由です。しかしたくさん愚痴が書かれているSNSは、見た人の心が離れる原因になります。

ストレスの解消は、ネット上ではしないのが鉄則です。どうしてもというときは、ペンで紙に書きなぐり、ビリビリに破いて、好きなように処理するのがいいでしょう。

　また、自分は愚痴や中傷しているつもりはなく、「よかれと思って」「世直しだと思って」投稿している人もいます。これも、見ている人を不快にさせるでしょう。

　参考までに、避けたほうがいいSNSの書き込み例を紹介します。Twitterでも投稿できるよう、140文字以内にしてあります。

NG例

うちの近所にある口コミ評価の高い、某カレー屋さん（笑）。あそこは、本格カレーと謳（うた）っていながら、店長さんはインドに行ったことがないようです。味も深みがなく、ちょっと物足りないかもしれません。みなさん、カレーを食べるなら、インドに年一度は訪れている私の店にお越しください!!

　同業者を落として自分のお店をよく見せようとしています。
　ここでの対処法としては、他のお店と比べないこと。自分のお店のいいところだけを紹介して文章を完結させましょう。

OK例

私どものお店では本格的なインドカレーを提供しています。店長は、何と1年に一度はインドに訪れているほどのカレー通! こだわりのカレーをぜひ食べに来てくださいね。

大きく印象が変わりましたね。

もう一つ、別の文章例を紹介しましょう。映画の紹介文です。

NG例

話題の映画『スター・バトルウォーズ』観たけどさ……。物足りない印象。120分もあるのに、ストーリーの進み方が全然ダメ。これじゃ飽きちゃうよ。だってイビキかいてる人、いたぞ!?（笑）　全体的にまどろっこしくて苦手~!

残念ながら、この文章は感想・評論を装った"ダメ出し"になっています。対処法として、ネガティブな情報をほとんど入れずに、ポジティブな内容で文末を締めくくることをおすすめします。次のようなイメージです。

OK例

話題の映画『スター・バトルウォーズ』を観賞。ストーリーがありきたりで、私の好みとはちょっと合わなかったな。でも、映画の後に飲んだビールが最高だったから、まあいいか!

自分では問題ないと思っていても、他人から見るとダメ出しをしているように見えることはよくあります。文章を書き終えたら、上のNG例のようにネガティブな情報が入っていないかどうか、必ずチェックしましょう。

「ダメ出し記事」を「信頼できる記事」に変える簡単な裏ワザ

前ページでダメ出しについて触れましたが、「やってはいけない」と注意喚起を促す「NG記事」は、ネットで人気があります。

ただし、文章を書き慣れていない人は、注意が必要です。ただ悪いところを指摘するだけでは不十分。悪口がいっぱいの「ダメ出し記事」と捉えられてしまいます。たとえば、次のような文章です。

> **NG例**
>
> **タイトル:ダイエットが成功しない人のNGな生活習慣**
>
> ダイエットが成功しない人で、間食をしている人の多いこと！ それでは1日の摂取カロリーが増えて、いくら運動をしても痩せません。だから、あなたは痩せないんです。

どうでしょうか。お説教をされているようで、いい気分がしませんよね。読む人によっては「わかっちゃいるけど、間食はやめられない！」と思うかもしれません。このように、「上から目線」にならないように気をつける必要があります。

では、読者に嫌われる「ダメ出し記事」にならないようにするためには、どうすればいいでしょうか。

答えはシンプルです。

読者の悩みに共感して、「改善するためにどうすればいいか」という解決策を入れること。これだけで、読者の役に立ち、信頼できる「NG記事」に変化します。

先ほどの文章に手を加えてみましょう。

OK例

タイトル:ダイエットが成功しない人のNGな生活習慣

ダイエットが成功しない人にありがちな習慣の一つが、「間食」です。1日の摂取カロリーが増えて、いくら運動をしても痩せません。とはいえ「間食がダメなのは、わかっちゃいるけど、やめられない」という人もいるでしょう。そのときは、「家にお菓子を置かない」を試してみてください。家にあるから食べたくなるのです。間食の誘惑に勝つために、これからは、お菓子を買って帰らないように頑張ってみましょう!

波線部分を加えたことで説教臭さが消え、読者のダイエットを後押ししている雰囲気が出ました。

このように、ただダメ出しをするだけでは、読まれる文章にはなりません。必ず読者の悩みに共感してフォローすることを忘れないようにしましょう。

読者の背中をバシッと押す！
極上の「締めの文章」

　文章が完成したら、締めの文章にもこだわることが大切です。とくに締めの文章は、必ず前向きな一文で締めることが鉄則。83ページの「サンドウィッチ法」でもお伝えした基本フォーマットをおさらいしましょう。

> ① 今回は、〜についてご紹介しました。（←テーマをふり返る）
> ② これで問題なく〜することができますね。（←問題の解決に言及）
> ③ ぜひ〜してください。（←読者へ前向きなメッセージ）

　上記以外にも、「あなたの成功を祈っています」のように、ポジティブな言葉を読者に投げかけるのがポイントです。

　それは、125ページで紹介した、注意喚起を促す「NG記事」でも同様です。「最悪ですよね」と、最後の最後にネガティブ爆弾を放り込んではいけません。必ず「気をつけましょう」という前向きな言葉を置いてください。

　締めの文が最も重要になってくるのは、とくに商品のPRや、集客を目的した記事です。「ぜひお試しください」「必ずあなたの

悩みを解決します」と、購入を迷う読者の背中を押しましょう。期間が限定されていれば、「この体験ができるのは今だけ」と、プレミアム感をアピールするのも有効です。

　何かを主張する文には「あなたはどうでしょうか?」と最後にメッセージを投げかけてみましょう。議論を歓迎するような終わり方をすることで、コメント欄で読者同士のディスカッションが始まるかもしれません。

　いずれにしても締めの文は、読者の気持ちに寄り添い、対話をする気持ちで書くことが大切です。前ページで挙げた3つの基本フォーマットを参考にしながら、自分の型を見つけてみてください。

語彙力アップ!
言葉がとめどなくあふれる
最強トレーニング

　あなたのSNSページを訪れるファンを増やし、何度も読んでもらうためには、記事の更新頻度を高める必要があります。また常に興味深いテーマを発信して、読者を飽きさせないための工夫もポイントになります。

　しかし、それでも「もう、書くネタがない!」と悩むときはあるでしょう。そんなときに使える、ネタが泉のようにわき出てくるゲームを紹介します。「山手線ゲーム」です。

　知っている人も多いかもしれませんが、「山手線ゲーム」とは、テーマを決めて、そのテーマに合った言葉を手拍子 (パン、パン)のリズムに合わせて出していくゲームです。
　たとえば「フルーツ」がテーマなら、「りんご」(手拍子でパン、パン)「いちご」(手拍子でパン、パン)「メロン」(手拍子でパン、パン)……というふうに、参加者が順番で言葉を出していきます。これをネタ出しに活用するのです。「書くネタが尽きた」という場合に、このゲームで出た言葉をタイトルにして記事が作れないかと考えると、次の一手を生み出すきっかけになります。

　ボキャブラリー増強のトレーニングとしてもうってつけです。
　ウェブ記事の基本的なタイトルに「4つの法則」がありますが、この「法則」の部分を、リズムに合わせて変えていきます。

「4つの法則」(パン、パン)、「4つの方法」(パン、パン)、
「4つの習慣」(パン、パン)、「4つのルール」(パン、パン)…

　このように、続く限り言葉を出していきます。誰かと一緒に行うと、楽しみながらできるのでおすすめです。

　なお山手線ゲームは、一人でもできます。「3分」などとアウトプットの時間を決めて、タイマーを使って紙に書き出すといいでしょう。
　アウトプットした言葉は、すべてメモしておきます。そのまま記事のタイトルとして使えることがあるからです。

　他にも、付箋に書いてデスクに貼ったり、エクセルに保存したりして、ネタが切れたときに閲覧してアイデアを膨らませてください。アイデアを書き留めずにいると、いつの間にか記憶が薄れ、言葉のストックがなくなります。そのため、月1回ほど定期的に行うのがベストです。

　なお私のセミナーではほぼ毎回、このゲームは大人気です。毎回50以上のネタがわき出てきます。プロの編集者でも、時折苦労しながらゲームに臨む姿も印象的です。「脳に汗をかく」という体験をぜひ楽しんでみてください。

第 5 章

手っ取り早く
「バズる文章」に変わる!
5分でできる
「推敲のコツ」

文章を書き終わったら、投稿する前に、文章を磨き上げる「推敲」の時間を必ず取りましょう。推敲するだけで読みやすさが増し、バズる確率もグッと上がります。

書いた文章は、
一晩寝かせると生まれ変わる

　カレーは一晩寝かせるとおいしくなる——。

　これは、文章にも言えることです。文章は一晩寝かせて再び考えたほうが、より味わい深い文章に変わります。

　一度書いた文章はすぐに投稿せず、2〜3時間ほど置いて、読み直しをしましょう。これはプロのライターや編集者も使っているテクニックです。

　文章を寝かせている間は、一度たりとも見てはいけません。「寝かせ」の効力が薄れてしまうからです。一度寝かせたら、その文章のことは一切忘れて、触れないようにしてください。

　書いた文章からいったん離れることで脳がリフレッシュされ、読み返したときにミスが見つかることが多々あります。

　また、「この書き方はちょっとわかりづらいかな」と、読者にとってよりわかりやすい表現を追求することができます。

　さらに、深夜にハイテンションで書いた文章であれば、朝に見直すことで、内容の異様さに気づくこともできます。時間を置いてみることで、情熱に任せて書いた文章が恥ずかしく感じ、「ここはカットしておくか……」と、冷静な第三者の目線でチェックすることができるのです。

　これは、後から「こんな文章、公開するんじゃなかった」とい

う黒歴史を生み出すことを防ぐ意味でも、とても重要な作業です。

　黒歴史は極端な例だとしても、書いた文章は一晩寝かせて読み直す習慣をつけることで、文章力の向上につながります。

　また、表現方法に迷って、ああでもない、こうでもないと悩んでいるうちに、筆が止まってしまうこともあるでしょう。これを私は「泥沼にはまる」と言っています。考えれば考えるほど泥沼にはまり、文章の質が下がっていく……。そうなったときは、いったん書くことから離れましょう。

　では実際に、あるメディアに載せた、推敲前の記事と推敲後の記事の一部を紹介します。

NG例

> フリマアプリは、オンラインでフリーマーケットができるアプリで、会員登録すると、不用品を売ったり欲しい物を買ったりすることができるアプリでとても便利です。そしてアプリにはいくつか種類がありますが、今回はユーザー数が多く、ビギナーでも売買体験を得やすい○○○を例に、初心者でもたくさん売れる方法をお話しします。

この記事を推敲すると、次のようになります。

OK例

> フリマアプリは、オンラインで不用品を売ったり欲しい物を買ったりできるアプリです。アプリにはいくつか種類があり

ますが、今回はユーザー数が多く、ビギナーでも売買体験
をしやすい◯◯◯を例に、賢く売る方法をお話しします。

いかがでしょうか。
　冒頭の一文を短くしただけですが、推敲前のものより読みやす
くなっているはずです。

　時間を置いてクールダウンした脳で文章を眺めると、新たな
気持ちでチェックすることができるため、おすすめです。ぜひ実
践してみてください。

減らすだけで劇的に読みやすくなる「ぜいにく言葉」

　自分の書いた文章を読み直すと、何かしらの違和感を覚えることはないでしょうか？　その要因として多いのが、「ぜいにく言葉」です。「ぜいにく言葉」とは、なくても意味が通じる言葉のこと。これを削るだけで、文章をスッキリさせることができます。

　では、「ぜいにく言葉」にはどのようなものがあるでしょうか。
最も手っ取り早く削れるのが、「こそあど言葉」です。
たとえば、次のような文章があったとします。

NG例

　利他の心を持つことは大切です。日本に住む人全員がそんな人になれれば、世の中はもっと変わるはずです。

　「こそあど言葉」に該当するのは、1〜2行目の「そんな」ですね。削ると、どうなるでしょうか。少し考えてみましょう。

OK例

　利他の心を持つ人が増えれば、世の中はもっと変わるはずです。

　いかがでしょうか。NG例より、メッセージが端的に伝わります

よね。「そんな」だけではなく、「日本に住む人全員がそんな人になれれば」の一文も思い切ってカットしました。

　114ページでもお伝えしたように、一文を短くすることは大切です。しかし、一文を短くしても、「こそあど言葉」を多用することでかえって伝わりづらくなります。できるだけ使わないように心がけましょう。
　他にも、「ぜいにく言葉」には次のようなものがあります。

・やはり→削る
・〜という、〜といった→削る
・〜のような→削る
・〜している、〜していきます→「〜する」などに短縮
・〜することができる→「〜できる」「〜が可能」と短縮

これらの言葉を削るだけで、より文章がスッキリします。
では、もう一つ文章を見てみましょう。

NG例

　私たち日本人の多くが日本語を話すことができます。一方、英語はどうでしょうか？　残念ながら、多くの人が学校で習っているのにもかかわらず、話すことができません。なぜなら、学校で習って実践していないからです。英会話を習う、とまではいかなくても、好きな映画やドラマ、歌を日常的に聴くなどして英語に触れ続けることが、英語を上達させるコツと言えそうです。

かなり読みづらいですよね。

では、NG例の中にある「ぜいにく言葉」を削るとどうなるでしょうか？　少し考えてみてください。

OK例

> 日本人の大半が英語を話せません。学校で習って実践していないからです。好きな映画やドラマを観たり、歌を日常的に聴くなどして英語に触れ続けることが、英語が上達するコツです。

かなりスリムな文章になりました。上記の文章に整えるときに意識したのは、次のポイントです。

- 話すことができる→「話せる」に短縮
- 一方、なぜなら→削除（書かなくてもわかるため）
- 英会話、とまではいかなくても→削除（本当に伝えたい内容は、次の好きな映画やドラマを継続的に見ることだから）
- コツと言えそうです→コツです（断定で言い切る）

「ぜいにく言葉」を意識して省くと、文章がスリムになって「わかりやすい文章」に生まれ変わります。

文章を書き終わったら、編集者になったつもりで「ぜいにく言葉」を削っていきましょう。とくにTwitterなど、投稿できる文字数が決まっているSNSで実践すると、いい練習になります。

「接続詞」を削ると、洗練された文章になる

　前項で述べた「ぜいにく言葉」以外にも、削るとスッキリする言葉があります。文を書くうえでは欠かせませんが、使いすぎると読者に伝わりにくくなってしまう、憎いヤツ。それが「接続詞」です。

　接続詞とは、前後の文をつなぐ品詞で、「そして」「しかし」「なぜなら」などがそれにあたります。次の文章を見てください。

NG例

> 私は彼に「愛してる」と言いました。そうしたら彼も「愛してる」と言いました。だから私は「どれくらい?」と聞きました。そして彼は「地球一周分くらい」と言いました。しかし私はそれだけでは納得できません。なので不機嫌そうな顔をしました。すると彼はぎゅっと抱きしめてくれました。だから私はとても幸せな気持ちになりました!

　この文には「そうしたら」「だから」「そして」「しかし」「なので」「すると」と、たくさんの接続詞が登場します。

　話し言葉では接続詞が多くあっても邪魔にはなりませんが、文章にすると、少し冗長な印象になります。

何となく読むのに疲れてしまうのは、甘ったるい内容だからではありません。

　接続詞はどんどん削って、必要なところだけ書くので十分です（新聞記事のようなイメージです）。
　次の文章を見てください。

私は彼に「愛してる」と言いました。彼も「愛してる」と言いました。私は「どれくらい?」と聞きました。彼は「地球一周分くらい」と言いました。しかし私はそれだけでは納得できず、不機嫌そうな顔をしました。すると彼はぎゅっと抱きしめてくれました。私はとても幸せな気持ちになりました!

　この文に登場する接続詞は「しかし」と「すると」の2つだけ。これだけでも、十分意味が通じるばかりか、すっきりして読みやすくなりました。

　ポイントは、接続詞はいったんすべて削ってみること。そして、意味の通らないところだけ、接続詞を加えていくことです。
　接続詞は料理の調味料のようなものです。多すぎると、味が変わってしまいます。素材の文章を生かし、最後にそっと添えるくらいの気持ちで、接続詞を使うようにしましょう。

「句読点や記号」を加えると、
10倍読みやすくなる

　これまでたくさんの人の文章を見てきましたが、ライティング初心者に共通する特徴は「、」が少ないことです。「、」はいわゆる「読点」といって、文中の区切りとして置くものとなります。

　「、」が少ない文章は、読み手が意味を取りづらく、一度読んだだけでは理解できません。「ちょっと何言ってるかわからない」と思われてしまいます。

NG例

文章を書くことに慣れていない人は点を打つ回数が少なくて読み手に読みづらいと思われてしまうばかりか何度も読み返す必要があるので読者を疲れさせてしまいます。

　この文を読んで「おぅ」とため息を漏らした人は多いでしょう。読点がなく、1回読んだだけでは意味のわからない文章の典型例です。

　読点を打つ場所は、声に出して読むときに息継ぎをする場所が目安となります。文章を書いたら、頭の中で音読して、息継ぎが必要なところに意識して点を打ってみましょう。

文章を書くことに慣れていない人は、点を打つ回数が少なくて、読み手に読みづらいと思われてしまうばかりか、何度も読み返す必要があるので、読者を疲れさせてしまいます。

NG例と比べると、ぐっと読みやすくなりましたね。読点は、読みやすい文章を書くには不可欠です。ライティング初心者はこの「、」をあまり使いたがりませんが、多めに入れることが、プロフェッショナルな文章に近づくための第一歩です。

さらに、読みやすくするために、「」や" "なども使ってみましょう。記号も、読者に息継ぎをしてもらい、意味を理解しやすくするための便利なアイテムです。

文章を書くことに慣れていない人は、「点」を打つ回数が少なくて、読み手に「読みづらい」と思われてしまいます。さらに何度も読み返す必要があるので、読者を疲れさせてしまいます。

上にある「OK例①」の文章と比べると、「」を加えることで緩急がついて、より読みやすく感じたのではないでしょうか。

自分の書いた文章を読み返して、どことなく「何を言っているかわからない」「違和感がある」と感じたときは、読点や「」、" "などの記号を用いてメリハリをつけることです。そうすることでリズムがよくなり、文章の印象が大きく変わります。

文末を変えると、一気に 「プロっぽい文章」になる

　読みやすい文章にとって、リズムが「命」です。読み手にサクサク読んでもらうために、心地よいリズムの文体を心がけましょう。
　手っ取り早くできる方法が、文末に着目することです。

　まずは、文の終わりを「です・ます調」または「だ・である調」に統一しましょう。

　ライティング初心者は、一つの記事に両方を混在させるミスをしがちです。リズムが悪く、美しい文章から遠ざかってしまうので、ご注意を。
　それぞれの口調のポイントを見ていきましょう。

です・ます調

　この店では、美味しいコーヒーを飲むことができます。あなたも一杯飲んでいきませんか?

　ご覧の通り、「です・ます調」は親しみやすく、柔らかい印象があります。ハウツーや商品を紹介する記事、お店やイベントの告知記事など、広く親しみを感じさせたい記事は「です・ます調」で書きましょう。
　とくに女性に向けて情報発信を行う場合は、「です・ます調」を

この度はご購読ありがとうございます。アンケートにご協力ください。

本のタイトル

●ご購入のきっかけは何ですか?(○をお付けください。複数回答可)

1 タイトル 　 2 著者 　 3 内容・テーマ 　 4 帯のコピー
5 デザイン 　 6 人の勧め 　 7 インターネット
8 新聞・雑誌の広告（紙・誌名 　 　 　 　 　 　 　 　 　 ）
9 新聞・雑誌の書評や記事（紙・誌名 　 　 　 　 　 　 　 ）
10 その他（ 　 　 　 　 　 　 　 　 　 　 　 　 　 　 　 ）

●本書を購入した書店をお教えください。

書店名／ 　 　 　 　 　 　 　 　 　 　 （所在地 　 　 　 　 　 ）

●本書のご感想やご意見をお聞かせください。

●最近面白かった本、あるいは座右の一冊があればお教えください。

●今後お読みになりたいテーマや著者など、自由にお書きください。

どうもありがとうございました。

郵便はがき

１０２８６４１

東京都千代田区平河町2-16-1
平河町森タワー13階

プレジデント社

書籍編集部 行

フリガナ		生年（西暦）		
				年
氏　　　名			男・女	歳
住　　　所	〒			
	TEL （ ）			
メールアドレス				
職業または 学校名				

おすすめします。

この店では、おいしいコーヒーを飲むことができる。あなた
も一杯飲んでいかないか?

「だ・である調」は、簡潔で説得力を持たせる文体になります。
一見とっつきにくいですが、真面目さを演出することができます。

政治経済やニュース、論文など、堅めの記事と相性がいいです
が、読む人によっては「怖い」という印象を持ちます。ライトな
記事を書くなら、「だ・である調」はあまりおすすめできません。

なお、一つの文章の中に「です・ます調」と「だ・である調」が
混在している文章を時々見かけますが、これはNGです。

NG例

この店では、おいしいコーヒーを飲むことができます。あな
たも一杯飲んでいかないか?

このように、ちぐはぐな印象を与えてしまいます。必ず統一す
るようにしましょう。
ただし、すべての文の終わりを「です・ます」や「だ・である」で
締めるのは危険です。リズムが悪くなるおそれがあります。
次の文章を見てください。

いよいよ夏休みです。私は家族と沖縄に出かける予定です。沖縄の海は、透き通るように青いです。日本で一番美しい海です。ご当地グルメも楽しみです。一番楽しみなのは沖縄そばです。早く行きたいです!

このように、文末をすべて「です」に統一すると、単調なリズムとなり、読み心地が悪くなります。

リズムの悪さを簡単に改善するテクニックとして、「体言止め」があります。体言止めとは、「いよいよ夏休み。」のように、文の終わりを名詞や代名詞で止めること。体言止めを1〜2行に1度くらいの割合で使用すると、とてもリズミカルな文になります。
実際に書き換えた文章を見てみましょう。

いよいよ夏休み。私は家族と沖縄に出かける予定です。沖縄の海は、透き通るようなブルー。日本で一番美しい海ですよね。ご当地グルメも楽しみ! 一番楽しみなのは沖縄そばです。早く行きたいなぁ!

変更した箇所に波線を引いてみました。体言止めの他、「〜ですよね」や、気持ちを表す「楽しみ!」「〜(だ)なぁ!」という表現を入れています。
このように、体言止めを使って単調になるのを避け、文章をリズミカルにしていきましょう。

表現の幅を広げたいなら
「類語辞典」はマスト

　プロのライターやコラムニストの書いた文章は、表現力が豊かです。いわゆる「上手な文章」とされる特徴として、「ボキャブラリーの幅が広い」ことが挙げられます。これは別の言い方をすれば、言葉の重複を避けるということです。

　たとえば「話す」という言葉が一つの文章にたくさん出てくると、次のようになります。

NG例

昨日見た旅番組では、人気タレントがハワイの魅力について話していました。青い海、白い砂、そして、どこまでも広がる空について話したのです。一緒に見ていた母親に、私もいつかハワイに行ってみたいと話しました。

　いかがでしょう。「話す」という言葉が連続すると、単調で、何となく稚拙な文章に感じませんか。あまり上手な文章とは言えませんよね。
　「話す」の代わりに別の表現を使うと、次のようになります。

OK例

昨日見た旅番組では、人気タレントがハワイの魅力につい

て語っていました。青い海、白い砂、そして、どこまでも広がる空について話したのです。それを見ていた母親と、いつかハワイに行ってみたいと、感想を述べ合いました。

こんな具合です。表現の幅が広くなったと感じたのではないでしょうか。同じ言葉を別の言葉に言い換えることで深みが出て、文章がみるみる上達していきます。

言い換え表現は、ボキャブラリーが豊富な人だけが使えるテクニックです。しかし、語彙力が高くない人でも、言い換え表現を見つける方法があります。
それは、「類語辞典」を活用すること。

類語辞典は、言い換え表現を見つけたいときに引くもので、該当する言葉がずらずらっと列挙されているありがたいものです。ウェブ上には、無料で使える類語辞典もあるので、困ったときはぜひ利用してみてください。
参考までに、日常でよく使う類語例を紹介します。

類語例
・行う→する、やる、成す、執行する、履行する、実践する、実行する、遂行する、アクションをとる
・言う→話す、語る、しゃべる、述べる、伝える、言及する、言葉を発する、耳に入れる
・母親→ママ、お母さん、おかん、マミー、子持ちの女性、子育て中の方、肝っ玉母さん

・男→彼、男性、男子、メンズ、殿方、彼氏、ボーイ、おじさん、おじさま、おっちゃん
・女→彼女、女性、女子、レディ、お嬢様、ガール、おばさま、おばちゃん
・おしゃれ→お洒落、スタイリッシュ、かっこいい、洗練された、雅な、素敵な、ファッショナブル、ヘブンリー、プレシャス、ファビュラス
・おいしい→美味、くせになる、デリシャス、激ウマ、後を引く味、ハマる味、絶品、絶妙、おいしいったらありゃしない
・(値段が)高い→高価な、高額な、高級な、割高な、手の届かない、セレブな、ハイクラスな、ファーストクラス級の

「4つの具体的」を意識するだけで、読者の印象に残る文章になる

　文章は、具体的な内容であればあるほど説得力が増して、多くの人に読んでもらえます。「具体的に書く」ことは、ポイントをおさえることで、誰でも簡単にできます。

　基本のポイントは次の4つです。

1 「たとえば」を用いて事例を書く
2 「数字」を使う
3 「比喩（〜のように・ような）」を用いる
4 「擬態語・擬音語」を使う

それぞれ例文を使って説明していきましょう。

NG例

私は資格を取得するためにたくさん勉強しました。

　この文章を、1の「たとえば」を用いて事例を書くとしたらどうなるでしょうか。少し考えてみましょう。

OK例①

私は資格を取得するためにたくさん勉強しました。たとえば、寝ずに朝まで勉強したこともあります。

いかがでしょうか。1つ前の文章に比べると具体的で、書き手が勉強している様子を思い浮かべることができますね。

　次に、②の「数字」を使うとどうなるでしょうか。

　私は資格を取得するためにたくさん勉強しました。週末は、毎日12時間机に向かっていました。

　事柄の程度を数字で示しただけですが、どれくらい勉強したのかをより具体的に理解することができます。

　③の「比喩（〜のように・ような）」も使ってみましょう。

　私は資格を取得するために、まるで命令されたロボットのように、たくさん勉強しました。

　前ページのNG例の文章と比べ、一文を加えただけですが、大きく印象が変わりました。ユニークなたとえを入れることで、読者の心をつかめることを実感してもらえたと思います。

　最後に、④にある「擬態語・擬音語」を使ってみましょう。「擬態語」は、物事の状態をそれらしく表した言葉で、「擬音語」は、物音や動物の鳴き声などを表すものになります。

　私は資格を取得するために、コツコツたくさん勉強しました。問題を解くたびにノートからガリガリ音がしました。

ちょっとした表現ですが、使うだけで印象的に魅せることができますよね。

　これらの4つのテクニックを組み合わせて、具体的な部分を増やすことで、説得力のある文章ができます。一つの話題には、必ず1つ以上の具体例を入れていきましょう。様々なテクニックを使って書いた文章例を紹介します。

OK例⑤

　私は資格を取得するために、たくさん勉強しました。まるで、勉強することをプログラミングされたロボットのようでした。たとえば、週末の勉強時間は12時間。気がつけば、時計の針は朝の5時を指していることもよくありました。教科書をめくるたびにペラペラ音が響き、問題を解くたびにノートからはガリガリ音がするほどに。おかげで、3月10日、希望の資格を取得することができました。

　改めて148ページのNG例の文章と比べるとどうでしょうか。驚くほど文章に深みが出たことを感じられるはずです。
　いずれもちょっとしたテクニックですが、使うだけで、読者の印象に残る文章に変えることができます。ぜひ意識して取り入れてみてください。

「小学5年生」でもわかる、
シンプルな表現に磨き上げよう

　誰にとっても読みやすい文章を書くことが、バズる記事を書くコツです。そのため私は、118ページでも少し触れたように、「小学5年生でもわかる文章を書く」というイメージをもって文章の指導を行っています。

　なぜ小学5年生なのかというと、ひと通り文章を読む能力が身についている年頃だからです。

　文章を書くときはまず、自分の頭の中に、小学5年生の「太郎くん」を思い浮かべます。そして、太郎くんに語りかけるように書いていきます。

　書いた文章を読み返しながら「この言葉は、太郎くんだとちょっとわからないかな」と思った箇所は、説明文などを補足していきます。
　とくに、「サステナブルな」などのカタカナ語は難解なものが多いので、解説を入れたり、言い換えができないか注意しましょう。これが、誰でも読みやすい文章を書くためのポイントです。

　では実際に、推敲前の文章を見ていきましょう。

最近流行っているサステナブルな取り組みをしようと、部署のテレカンでコンセンサスを取ったところ、みんながアグリーしました。

これだと、何を言っているのかがよくわからないですよね。
解説を入れたり、言い換えをしたりすると次のようになります。

今の生活が未来にも持続できるような、地球環境にやさしい社会を目指したい。そんなサステナブルな取り組みを行おうと、部署の電話会議で話し合いを持ちました。すると、みんなが賛成してくれたのです。

NG例の文章よりも確実に読みやすくなりました。

時々、自分が知的であることをアピールしたくて、わざと難解な表現を使う人がいます。しかし、それは12ページにも書いた「読者ファースト」の精神とは言えません。

知識がある人ほど、人にわかりやすく説明ができます。自分が慣れ親しんだ表現にこだわるよりも、世間一般の人に広く伝わるような、フラットな表現を心がけたいものです。

またわかりやすい文章を書くためには、誰でもわかるようなやさしい言葉を使うだけでなく、具体的な事例を使用するのもポイ

ントです (148ページ参照)。

　伝えたいことは、ストレートに書く。表現は、あえてひねらない。100人が読んで、100人が同じ解釈をする言葉で表現することがベストです。こちらのタイトルをご覧ください。

NG例

いい会社に入社する方法とは?

　「いい会社」という言葉を100人が見て、100人とも同じ会社をイメージできるでしょうか。残業が多くても給料が高いのが「いい会社」だとする人いれば、給料が安くても定時に退社できるのが「いい会社」とする人もいます。解釈のブレがあると、いまいち読み手の心を響かせることができないのです。

　そこで、「いい会社」をもっと具体的な表現にします。誰でも同じようなイメージを持てるように、ストレートに書いていきましょう。

OK例

社員の生涯年収が5億円を超える大企業に入社する方法とは?

　これくらいハッキリわかりやすく書くことで、読者へのアピール力がぐんと上がります。もちろん、タイトルをクリックされる確率も格段に高まります。

小見出しを推敲するだけで、
PV数は大きく変わる

　文章の推敲と同じくらい大切なのが、小見出しの推敲です。きちんとタイトルと小見出しが対応しているかを見ます。

　65ページでも書いたように、時間のない読者は、記事のタイトルと小見出しだけを見て内容を読み取ろうとします。読者に刺さる小見出しであれば、最後まで読んでもらえる確率が高くなります。

　そういう意味で、タイトルに対して小見出しがきれいに並べられているかどうかは、かなり重要なポイントです。

　ここで、もう一度67ページと同じ例を紹介しましょう。

before

〈タイトル〉
私の好きな牛丼屋の特徴3つ

〈小見出し〉
・安い
・早い
・うまい

文章を書く前の小見出しは、このようにかなりシンプルなもの

になっています。ここから、より魅力的になるように表現を磨いていきましょう。友達にLINEでメッセージを送るようなつもりで書くと、思いが伝わりやすくなります。

after

〈タイトル〉
私の好きな牛丼屋の特徴3つ

〈小見出し〉
・給料日前でも安心! ビックリするほど「安い」
・マジ? 注文してから10秒で出てきて「早い」
・決め手は味! 界隈の店の中で一番「うまい」

いかがでしょうか。この小見出しであれば、忙しい読者でもきっと読んでくれるはずです。

小見出しを考えるときは、本文中の新しい情報や、読者が驚くと思われる内容をピックアップするといいでしょう。
「安い」のであればどう安いのか、「早い」のであればどう早いのか、わかりやすく数字を入れたり、印象的なバズる言葉を混ぜたりして、読者のハートに訴えかけていきます。中身の濃い小見出しを意識しましょう。

小見出しの文字数は、書くメディアによって上限がありますが、制限がない場合は、15 〜 20文字くらいがベストです。
短すぎず、長すぎない小見出しを考えてみてください。

1日5分でOK!
文章力をもっと高める
とっておきのテクニック

　「なかなか思うような文章が書けない。文章力を上げたい」という人は、毎日少しでもいいので文章を書く習慣をつけましょう。とはいえ、原稿用紙に何枚分も書く必要はありません。140文字以内の文字制限があるTwitterでつぶやくようにするのです。毎日続けていると、かなりの文章力がつきます。

　ただしその140字は、その日の最高レベルの文章を目指すこと。ただ感情の流れるままに「さむいー!　コタツ入ってミカン食いてー!」という独り言を書くのでは、何の練習にもなりません。最近ハマっていることや身の回りのことでもいいので、少しでも読者に役立つネタ選びを心がけましょう。

　書くことがない人は、その日見たテレビ番組やウェブニュース、配信番組の話題を書くのがおすすめです。ニュースやドラマ、セミナーの内容を140字に要約するだけでも、かなり要約力が鍛えられます。私の場合は次のように、いいと思った記事のタイトルとそのポイントを、定期的に紹介しています。

東香名子@鉄道コラムニスト @azumakanako・3月5日　　　…
タイトル職人LIVEで取り上げたタイトル。
・東大ママに聞く🧒賢くて自発性のある子へゆとりのある育て方
東大ママという言葉が子育て中の人に刺さりまくる!と絵音氏。見出しにはターゲットに刺さる言葉をおくのが鉄則。東大ママという強いキーワードは最初に。後ろにつけたらパワー半減　#clubhouse

なお117ページにも書きましたが、書くときの言葉は話し言葉ではなく、「て」「に」「を」「は」などを正しく使った「書き言葉」としての文章を心がけてください。

　140字は一見多く見えて、実は少ない分量です。この140字に言いたいことをどう収めるか。どのように書けばよりわかりやすく伝わるか。これを日々鍛錬し、書き続けることで、文章力は飛躍的に向上します（「いいね！」や「リツイート」の数で、文章力がUPしたかどうかはある程度把握できます）。

　投稿する前に、文中に5W1H（53ページ参照）がしっかり入っているかどうかも必ずチェックをしましょう。5W1Hがちゃんと入っていれば、有益な情報と言えます。
　慣れてきたら、読者のメリットを一つでいいので混ぜること。読むと得する要素を入れることで、さらに文章のレベルアップにつながります。そして投稿ボタンを押す前に、必ず推敲してください（132ページ参照）。

　くり返しになりますが、推敲することで、自分の恥ずかしい文章が世の中に拡散されるのを防ぐことができます。よほど急ぎの投稿でない限り、必ず読み返すこと。プロのライターやコラムニストであれば、誰もが行っていることです。

第 **6** 章

PV数が
ケタ違いに上がる！
「バズるタイトル」
の作り方

文章を書き、推敲も終わったら、最後の仕上げが「タイトルづくり」です。このタイトルが秀逸だと、クリック数が何万倍にも跳ね上がり、書いた記事を多くの人に見てもらえるようになります。紹介するテンプレートに沿って、バズるタイトルをぜひ自分自身のものにしてください。

初心者でもバズる!
タイトルテンプレート29

本文を推敲し終わったら、いよいよタイトルづけです。

TwitterやFacebookでは、タイトルをつけないことが多いですが、noteやブログ、ウェブ記事を書く人にとって、タイトルは"命"です。記事を読んでもらうためには、タイトルで読者の心をぐっと惹きつけなければなりません。

ウェブライターや編集者は、ああでもない、こうでもないと、締め切りギリギリまでタイトルに情熱を注いでいます。

何か知りたいことがあった場合、読者は検索サイトにキーワードを入れて検索します。ホームページやブログはもちろん、LINEブログやnoteに書いたタイトルも検索に引っかかりますので、タイトルの言葉選びはとても重要です。

タイトルも、文章を書くときと同じように、まずはフォーマットの中から最適だと思うものを選びましょう。次ページに代表的なものを29例用意しましたので参考にしてください。

なお、先にタイトルづけのポイントを知りたい人は、190ページから読むことをおすすめします。

「○○できる〜つの法則」

例：お菓子を食べながらダイエットできる7つの法則
例：文章が上手に書けるたった1つの法則

　まさに基本中の基本と言えるテンプレートです。まずはこのテンプレートを使いこなせるように練習しましょう。79ページの「サンドウィッチ法」でも紹介したように、要素をポイントごとに並列して説明する記事や、数を打ち出した記事と相性がいいです。

　バズる記事の多くは、読者の悩みを解決してくれる内容です。自分の悩みが解決できそうなタイトルを見ると、誰でもクリックしたくなりますよね。タイトルに「○○できる」を入れ、読む人に悩み解決やメリットを感じさせましょう。まどろっこしくなく、ストレートに書くことがポイントです。

　次に数字と法則を入れます。ここで言う数字とは「7つの法則」のように、記事の中で紹介する方法の個数になります。
　この数字は、バズるタイトルを作るために欠かせない要素です。ウェブの読者はさくっと悩みを解決したいと思っているので、数字は少なければ少ないほどいいでしょう。10以上の数字を使うと、実行するのが難しく感じるので、やめたほうが無難です。
　ウェブ記事でのおすすめ数字は、3〜5。「簡単そうだな」と読者は感じ、気軽に記事を読んでくれます。

02 ○○が解決する△△（商品名）とは

例：連日の睡眠不足を解決する「ミラクルベッド」とは
例：長時間移動時の腰痛が一発解決する「クッション」とは

　読者が持っている悩みを「解決する」ということを、タイトルで、ストレートにわかりやすく示すテンプレートです。商品のPRをするときのタイトルに、ぜひ使ってみてください。

　ポイントは、読者の悩みをストレートに書くこと。さらに、その悩みが「解決する」とはっきり伝えます。読者が「どうやって？」と思ったところに、商品名をきちんとはめてPRする方法です。すでにタイトルの時点で商品に興味を持ってもらえるという、強力なテンプレートです。

　商品に興味を持ちそうなターゲットの悩みを包み隠さず、そのままタイトルに書きましょう。「解決する」の前に、「一瞬」「一発」「即」など、スピード感を漂わせるワードとともに使うと、さらにアピール力がアップしますよ。

○○が××できる△△〜選

例：2時間以内で行ける！　夏休みに家族で楽しめる関東の観光地4選
例：仕事の効率が10倍アップできるスマホアプリ20選

　自分の専門分野を生かして、読者の悩みを解決するハウツー記事を書くときに便利なテンプレートです。

　記事を読むことで何かができるようになったり、悩みが解決したりすることを、タイトルで強くアピールしてください。

　02のテンプレート同様、読んだ人が誤解することなく、はっきりわかるようにストレートな言葉を使うことが、最大のポイントです。

　「〜選」と、タイトルの最後に数字も入れてみましょう。これはウェブ記事ではとてもオーソドックスなもので、読者にも親しみを感じてもらいやすくなります。

　ニュースサイトなどのウェブ記事では「4選」や「7選」などの一桁が定番ですが、インパクトを出すために、ときには50選などの大きな数字に挑戦してみるのもおすすめです。

○○と△△の違いとは

例：「テレワーク」と「リモートワーク」の違いとは
例：将来「お金持になる人」と「借金を背負う人」の違いとは

　「テレワーク」と「リモートワーク」のように、「言葉が似ているけど、何が違うんだっけ？」と、誰もが疑問に思っていることを解説する記事に合うテンプレートです。豆知識やトリビアを紹介する記事に最適です。

　また、疑問を持つ人が多ければ多いほど、バズる可能性は高まります。比べる対象には「」をつけて、目立たせましょう。

　事柄だけでなく、人のキャラクターを比較する記事に使ってもいいでしょう。ただし、タイトル例にある「将来『お金持ちになる人』と『借金を背負う人』の違いとは」の記事内容は、両者を比較するだけでは不十分です。
　読み手はお金持ちになりたい人が多いと仮定して、そのアドバイスを記事のメインにすると、読みごたえが増します。

　日頃から読者の研究をして、求められているテーマを意識しながら記事を作っていきましょう。

05 なぜ○○なのか?

例：なぜコーヒーは苦いのか?
例：なぜ日本人は「景気が悪い」と愚痴をこぼすのか?

ふだん生活する中でふと浮かんだ疑問の答えを解説したり、時事ニュースを分析する記事にとって相性のいいタイトルです。一般の人が「そうだったのか!」と納得する内容も好まれます。

たとえば、あなたがカフェのオーナーであれば、1つ目のタイトル例のように、コーヒーに関する謎をシンプルに解き明かしてもいいでしょう。
タイトルは変にヒネリを入れることなく、ストレートな表現を使うのが、バズらせるためのコツです。

また、理由を解説する記事の他、社会に提言する記事とも合います。社会に対する不満を叫んでいるような、心の叫びのようなニュアンスも加えることが可能です。
世間が大きく共感すると思われる言葉をタイトルに入れることで、バズる可能性が高まります。

06 ○○で買える××

例：コンビニで買える「太らない食品」7選
例：えっ、これも売ってるの？　ネットで買える高級車ランキング

　読者の悩みを解決したり、読者が心の底から欲しいと思っているアイテムを、「ここで買えますよ」と紹介する記事に使用しましょう。

　○○の部分には、誰でも気軽に出かけられるショップを入れます。商品とショップの間に大きなギャップがあれば、読者は思わずクリックしてしまうでしょう。

　とくに相性がいいのは、コンビニや100円ショップですが、「ネット」を入れてもいいでしょう。いずれにしても、読者がすぐに購買行動に移せるようなお店を入れるのがポイントです。
　「見つけるのが難しそうなアイテムですが、実はコンビニでも買えるんです」といったメッセージを使うことで、読者を驚かせましょう。

07 2位は○○、では1位は?

ランキング記事に使えるテンプレートです。2位をわざとタイトルで見せて、1位を隠すことで、読者はクイズを出されたような感覚になり、思わずクリックしたくなるでしょう。

2位に入るものが意外なものであればあるほど、「1位は何だろう?」と、読者は大きな期待感を持ちます。

タイトルの長さによっては、「3位は○○、2位は××、では1位は?」というふうに、3位から見せるのも有効です。実際、ウェブ記事でもよく使われる手法の一つです。

あなたのクリエイティビティを発揮して、タイトルの表現にバリエーションを増やしていきましょう。

08 ○○に聞いた 「××ランキング」BEST△

例：都内勤務の営業マン152人に聞いた「好きなビジネス本ランキング」BEST10

例：グルメなパリの女性51人に聞いた「好きな日本食ランキング」BEST5

　ランキング記事のタイトルには、調査対象者を直接タイトルに入れるテクニックもあります。その場合、なるべく対象者の属性を書き入れましょう。属性には年齢、性別、職業、居住地など、探せば無限にあります。

　日本人だけでなく、「他の国の人に聞いた」というのも、読者が興味を持つポイントです。詳しく書けば書くほど文章のリアリティが増して、読者がクリックしたくなります。

　さらに、調査した人数も忘れずに入れましょう。人数が多ければ多いほど、読者の好奇心を刺激できます。このときも、四捨五入などは行わず、正確な数字を入れるようにします。「500人」などの切りのいい数字よりも、「501人」のようなリアルな数字のほうが、読者の目を惹きつけるのです。

　最後の「BEST」という表記もポイントです。アルファベットをタイトルに使う記事は少ないので、他の記事の中に埋もれることなく目立たせることができます。

○○の声

例：ダイエット新サプリに「何もしないで痩せるなんて」の声
例：人気タレントに不倫発覚「もうテレビで見たくない」と落胆の声

インターネットで物を買うときに、「口コミ」は重要な判断材料になります。使用者からのポジティブな反応をタイトルに入れて、読者にアピールしましょう。

記事の中で最も印象深い言葉、意外性のある言葉をピックアップして「」の中に入れます。

商品紹介だけでなく、ニュースなどの事柄に対して、意見を求めた調査記事にも使えます。リアルな声をタイトルに入れていきましょう。「こんな意見もあるんだ」と、読者が予想しなかった声を入れることができれば、さらに詳細を読みたくなり、クリック率が上がります。

ポジティブな記事だけでなく、ネガティブな記事にも使えます。世間のリアルな声を取り上げて、社会で起きている出来事をわかりやすく切り取りましょう。

10 A（優秀な人）がB（意外なこと）をする理由

例：営業成績No.1のエリート社員が毎朝必ずオペラを聴く理由
例：スーパーモデルが1日5回も食事をする3つの意外な理由

　読者の「こうなりたい」という欲望にアプローチできるタイトルです。理想の人物が行っている習慣をタイトルに入れます。

　タイトル例のように、「えっ、そんなことしているの？」と読者が驚くような、意外なことを入れましょう。「一体、どうして」と読者に疑問がわいたところに、「その理由が記事に書いてあります」と、間髪いれずにアプローチするタイトルとなっています。これで、読者がクリックせずにいられない仕組みです。

　タイトルの理由の前に「3つの」などの数字を入れることで、さらに読者の興味関心を惹きつけることができます。ビジネスやライフスタイル、恋愛、美容などのジャンルに使うといいでしょう。

11

Ａ（プラスのこと）なのに
Ｂ（マイナスのこと）

例：美人なのにモテない女性の決定的な特徴
例：一体ナゼ？年収1000万円なのに貧しい生活を強いられるワケ

「Ａ」と聞くと、普通はプラスの効果があるはずなのに、予想に反して「Ｂ」というマイナスの状況であるという、逆説ワードを使ったテンプレートです。

両者のギャップが大きければ大きいほど、人の「知りたい欲」を刺激します。

1つ目の例のような「美人なのにモテない人の特徴」は、恋愛サイトでは長年、鉄板のテーマです。

「美人」と聞けば「モテる」をイメージしますが、真逆の「モテない」というワードで、逆説を強めます。

2つ目の例も、「年収1000万円」も稼いでいるのに「貧しい」のはなぜか、不思議に思いますよね。その気持ちが、読者にクリックさせるのです。

「雪の日なのに寒くない」「納豆なのに糸を引かない」など、時間があるときに、バズりそうな"逆説ペア"を生み出す練習をしましょう。そこから実際に、ネタになりそうなものを探るようにします。

12 ＡするだけでＢできる

例：文字を入れるだけでバズる記事が書ける魔法のテンプレート
例：読むだけで大学に合格できる！受験生必読の歴史本・10選

悩みごとは、できればさくっと解決したいものです。その「さくっと感」を前面に押し出したテンプレートになります。

「たったこれだけでＯＫ」というイメージで、読者の心理的ハードルをしっかり下げていきます。

まず前半のＡの部分には、具体的な内容を書きます。必要なアイテムや商品、サービスがあれば、それらを追加しましょう。

後半のＢには、読者の悩みが解決できる方法を書きます。読者は一体何に悩んでいるのか、どうなりたいのかを具体的につかむことが大切です。彼らの悩みがすっきり解決するイメージにつながる言葉をストレートに書き入れましょう。

さらに冒頭に「誰でもできる！」というフレーズを入れたり、Ｂの前に「簡単に」という言葉を入れたりすることで、さらに読者の心理的なハードルを極限まで下げる効果が期待できます。

13 Aする人、（一方で）Bする人

例：大企業に就職できる人、就職をあきらめてニートになる人
例：100年ラブラブでいられる夫婦、1年で離婚する夫婦

「成功する人」と「失敗する人」の二項対立をはっきり見せるタイトルです。両者の間にギャップがあればあるほど、インパクトは強くなり、読者の興味関心を喚起します。

本文では、いい例、悪い例の比較だけでなく、アドバイスもふんだんに盛り込みましょう。もちろん読者は「成功する人」になりたいでしょうから、成功するためのポイントを厚めに書くことがポイントです。

タイトルに入れるのは、「人」だけでなく、2つ目のタイトル例にもあるような夫婦やカップルなどの「人間関係」、企業や政府、都道府県や市町村などを入れてもOKです（「オリンピックで潤う国、オリンピックで貧しくなる国」のようなイメージです）。

あなたの専門性を活かしたタイトルをつけるとさらによくなるでしょう。

14 A VS B

例：関東VS関西！　上品な女性が多いのはどっち？
例：【世紀の対決】目玉焼きにかけるのは「しょう油VS塩VSソース」
　　どれが好き？

　2つのものを並べて比較する記事は、「VS」を使って対決させるテクニックが使えます。しばしばネットでも話題になるのが「都会VS田舎」「関東VS関西」などの地域ネタで、PVの爆発力に期待が持てます。

　タイトルでは対決させているかのように見えますが、出身地など優劣の範囲を超えている事柄や、勝負ができないものもあるでしょう。一方、熱烈なファンが多いネタは、炎上するリスクもはらんでいます。

　記事では「こちらの勝ち！」と、軍配を上げることは避けましょう。その代わり最後に「あなたはどちらが好きですか？」といった文で締めくくります。「ジャッジは読んでいる人に任せます」というふうに文章を締めれば、ムダな炎上を防ぐことができるでしょう。

　さらに、この記事を見た人が「私はこっち派」という意見を書いたりすると、シェアされる可能性は非常に高まります。

　なお、タイトル例に【世紀の対決】と、隅つきカッコで言葉をまとめるのも読者を惹きつけるテクニックの一つです。詳しくは194ページで紹介します。

○○だけじゃダメ

例：【プロ直伝】資料を読むだけじゃダメ！必ず通るプレゼン5つの極意

例：ただ茹でるだけじゃダメ！本当においしい蕎麦の茹で方をご存じか

　読者があらかじめ知っている情報に、新しい情報を加えるニュアンスのテンプレートです。「あなたが今持っている情報では足りないよ」と、危機感を抱かせるイメージですね。

　「○○だけじゃダメ」の、○○の部分には、一般に広く知れ渡っている知識や、読者が知っていそうだと思うことを予想して入れましょう。

　本文では、タイトルをクリックした読者の理想に近づけるために、新しい情報やテクニックを伝えるようにします。

　単にテクニックを紹介するハウツーだけでなく、商品やサービスを紹介するPR記事にも使うことができるタイトルです。

16 A（属性や名前）が
B（チャレンジ内容）をしてみた

例：年商1億円のIT社長が1週間スマホなし生活をやってみた
例：愛媛の小学5年生が円周率100桁暗記にチャレンジしてみた

　ウェブ記事だけでなく、YouTubeなどの動画メディアでも人気のタイトルです。「こんなことできるの？」という難しそうなことにチャレンジしたり、少しおバカなことにチャレンジしたりしてみる記事は、ウェブととても相性がいいです。

　内容も大事ですが、タイトルの「誰が」の部分も気を抜かずにこだわってください。主語となる人物とチャレンジの内容に大きなギャップがあるほど、読む人は興味を持ちます。

　人物は、できるだけ詳細なプロフィールを入れること。1つ目の例のように、ただの「IT社長」ではなく「年商1億円のIT社長」とする。2つ目の例のように、ただの小学生ではなく「愛媛の小学5年生」とする感じです。

　「誰が」の部分にリアリティを感じさせることができるほど、クリック率は上がっていきます。

17 ××したらこうなった

例：デリバリーでマックの「スマイル0円」を頼んだらこうなった
例：演歌を24時間全力で歌ったらこうなった

16の「AがBをしてみた」に似ていますが、こちらもチャレンジ企画と相性がいいタイトルです。

「やってみた」というプロセスに重きを置くものに比べて、「こうなった」のほうが、より結果に注目させるニュアンスとなります。思わぬ結末を予感させ、読者はついクリックしてしまうでしょう。

こうしたチャレンジ企画は、たくさんの画像を載せるとより臨場感が出ます。実況中継を行うように、あらかじめたくさんの写真を撮っておきましょう。

写真の数が多ければ多いほど、記事を作るときのメモ代わりになります。編集を行うとき、記事用の写真も選別しやすくなるでしょう。

18 【画像○○枚】

例：【画像30枚】昭和のスターの愛車がものすごい件
例：【画像54枚】日本人の知らないインド秘密の祭典に潜入！

　画像を見せる記事は、タイトルで「画像がありますよ」とストレートに伝えると効果的です。【画像あり】と冒頭に書くことで、読者の視線を集めることができます。

　さらにおすすめなのが、画像の枚数を書くことです。枚数が10枚以上の場合は、読者に対する大きなアピールポイントになります。必ずタイトルに入れましょう。
　枚数は、【画像30枚】のように【　】を使って添えると、タイトルのどの部分に入れるか、迷わずにすみます。

　とくに観光地や世界遺産など、旅行系の記事にピッタリ。なかなか行けない旅先の写真は、読者にとても好評です。マニア心をくすぐるコレクション系の記事とも相性がいいでしょう。

19 「○○あるある」BEST△

例：昭和のおじさんが驚いた「令和の新卒社員あるある」BEST10
例：オリジナルの猫語が身につく…「愛猫家あるある」BEST5

　思わず「あるある」と共感してしまう「あるあるネタ」は、ウェブ記事でも定番の人気を誇ります。ランキング形式で紹介すると、さらに記事のユニークさが増します。

　あるある系記事のターゲットは、大きく2つに分かれます。
　一つは当事者です。記事を読んで「あるある」と大きく共感させ、SNSでのシェアを狙いましょう。
　もう一つは、当事者以外の人々です。読者は当事者の本音をのぞいてみたいと感じ、記事に興味を持ちます。こう考えると、あるある記事はターゲットが広く、万人受けしやすい「お得な記事」と言えます。

　BESTの表記は、カタカナの「ベスト」でも問題ありませんが、どちらかと言えば、英字の「BEST」をおすすめします。168ページにも書いた通り、たくさんあるタイトルの中でアルファベットを使うと目立つからです。
　あえてアルファベットを入れるだけで、スマホの画面をスクロールする読者の指を一瞬止めることができます。

20 ○○（ニュース）が起きた ×（数字）つの理由

例：自宅でパンを焼くことが大流行している4つの理由
例：ヨーロッパの平和な国で突然テロが起きた5つの理由

　ウェブ上で人気のある、ニュース記事のテンプレートです。時事ネタを取り上げてあなたの専門分野と絡めれば、誰でもニュースの解説記事を書くことができます。

　自分にとっては起きても不思議ではないニュースでも、他人にとってはどうして起きているかわからないことはあります。
　自分の常識は、他人の非常識でもあるのです。自分が書いているテーマと重なるような時事ネタやニュースがあれば、積極的に取り上げましょう。

　ニュース系の記事で書きやすいのは、「なぜそのニュースが起こったのか」という背景を探る記事です。ニュースは毎日更新されています。1日に1つでもニュースを取り上げることができれば、あなたのSNSは、最新情報にあふれたみずみずしいものに変わります。

　記事を書いた後は、TwitterなどのSNSでぜひ拡散させることをおすすめします。検索に引っかかりやすくなり、バズる可能性をかなり高めることができます。

21 ～～してはいけない○つのワケ

例：本は1ページ目から読んではいけない4つのワケ
例：空き家になった実家を簡単に売ってはいけない3つのワケ

あなたの専門分野に関することで、一般の人がついしがちなことや、よかれと思ってやっていることがあると思います。

でも「実はそれ、逆効果なんです」と教えたくなることはないでしょうか？　そんな記事を書くときに使えるのが、「～～してはいけない○つのワケ」です。

ポイントは、「やってはいけない」という強い口調を使うことです。いきなりこう言われると、誰もが「どうして？」と、つい問いたくなるものです。そんな好奇心を刺激され、読者はその記事を読み進めたくなります。

この記事は、やってはいけないことを教える、いわゆるNG系記事ですが、本文ではただ「やってはダメ」だけをくり返すことのないようにしましょう。

「ではどうすればいいのか」を解説するフォローの文も必ず入れてください。「ダメ」という否定とフォローの文は、セットで入れるとより効果的です。

22 あなたの○○、間違っています

例：「あなたの貯金、間違っています！」毒舌FPが解説
例：知らないと恥ずかしい！あなたの英語の挨拶、間違っています

21で紹介した「〜〜してはいけない○つのワケ」と同様に、読者に強い口調で注意喚起をするタイトルです。「あなた」と言うことで、当事者意識を与えて、インパクトをより強くすることができます。

日頃から習慣にしていることや、よかれと思って行っていることを軌道修正する記事のタイトルにピッタリです。専門家として、読者にアドバイスをしましょう。

「間違っています」という、少し強めのタイトルなので、中身の文章は柔らかく書くことを心がけてください。そして「そうではなくて、このようにするといいですよ」と、フォローの文を必ず入れるようにします。

ダメ出しで終わるだけだと読後感が悪く、「読まないほうがよかった」という感想を持たれてしまうので、ご注意を。

23 【調査】〜な人は
○○.○％いると判明

例：愛よりお金が大事だという女性は45.4％いると判明

例：テレワークを導入することに反対する経営者は24.0％いると判明

様々な事象において「他の人はどうしているんだろう」と気になることはないでしょうか。とくに日本人は、周りの動向を気にする傾向が強いと言われます。そのため、たくさんの人にアンケートをとり、調査結果を発表する記事は、大変人気があります。

「【調査】〜な人は○○.○％いると判明」というテンプレートでタイトルを作ってみてください。調査結果の一部を取り上げて、タイトルで内容を少しだけ見せるテクニックです。

内容は、読者が最も「意外だ！」と驚いてくれそうな要素をピックアップしましょう。または、あなたが記事を作っていて、意外だなと思った項目を素直に入れるようにします。

タイトルの最初には【調査】と入れて、それが調査に基づく記事であることを知らせます。調査結果をひとつ取り上げるときは、24％や78％などの正数表記はしないこと。数字は必ず、小数点第1位まで見せるのがポイントです。

24％の場合でも、「24.0％」と書きましょう。こうするだけで、調査結果がより詳細である印象を与え、読者の好奇心がかき立てられます。また「％」だけでなく、「〜割」や「〜人」と入れるパターンもあります。

いずれにせよ、詳細な数字を入れることが、バズるタイトルを作るうえでは大切です。

24 人物「セリフ」

例：坂本龍馬「日本の夜明けは近いぜよ」
例：弁護士「あなたがこっそりやっていること、実は違法です」

　ある人物が言ったことを切り取ってタイトルにするテンプレートです。「」に入るセリフのインパクトが大きかったり、発言者とのギャップがあったりするほど読み手の注目を集めます。インタビュー記事を書くときにぜひ使ってみてください。

　人物の部分にはインタビューの対象者を、「」には、最も印象に残ったセリフやその人の考え方を要約して入れます。

　このかたちは、時事ニュースでよく使われます。政治家がある発表をしたときは、その発表を行った政治家の名前を書き、直後の「」に、発表内容を要約して入れます。あるタレントがニュース価値のある発言をした場合も同様です。

　1つ目の例のような人名だけでなく、2つ目の例のように職業を入れてもいいでしょう。
　弁護士や会計士、医師などの専門家の名称を入れ、読者へのアドバイスを要約して「」内に入れると、文章の説得力が増します。

25 ○○が××円お得になる△△

例：スマホ料金が毎月2000円お得になる超ウラ技
例：コーヒーが1杯あたり105円お得になるチケットを発売

　読者へのメリットを感じさせるタイトルは、クリックされやすい傾向にあります。中でも、金額が安くなる話題はピカイチ。

　17ページでもお伝えした通り、ウェブユーザーはお得な情報を常に探しています。このテンプレートは、その要望に応える、ストレートなものになっています。

　タイトルは、わかりやすく簡潔に書きましょう。具体的にいくら安くなるかを示す「金額」は必須です。金額が大きければ大きいほど、読者の反応が良くなります。

　使う数字の数は多めに。たとえば「2千」よりも「2000」のほうが目立ちます。

　ただ、読者への読みやすさを第一に考えたほうがいいので、あまりにも桁数が多い場合は、漢字を使ってスッキリ見せましょう。百万円や1,000,000円より、「100万円」という表記がベストです。

26 ○○をやめる方法

例：ヘビースモーカーがタバコをやめる方法
例：ムダ遣いを今日からやめる4つの方法

「○○をやめる方法」は、何か悪い習慣を断ち切りたいユーザーが、真っ先に検索するワードです。

読者がやめたいと思っていることを、上手にサポートする内容を伝えたいときに使えるタイトルです。

読者の気持ちを深く想像してみましょう。何かをやめたいと思ったとき、あなたはどんな言葉で検索をしますか？　その言葉をそのままタイトルにすれば検索に引っかかりやすくなり、読者の心に直接響きます。タイトルに数字を入れてもいいでしょう。

読者が共感しやすい点を本文に多めに書くとうまくいきます。やめたくてもやめられない気持ちに対して、「そうですよね、わかります」と何度も相づちを打つことで、読者は書き手への信頼感を高めるでしょう。

読者を傷つけるような言葉、また読者が到底実践できない、非現実的な内容は書かないことです。読者の気持ちを第一に考え、彼らの気持ちに寄り添う記事に仕上げていきましょう。

27 ○○する勇気を持とう

例：素直に「ごめんなさい」と言う勇気を持とう
例：儲かる見込みのない「ダメ株」を手放す勇気を持とう

テンプレート26で紹介した「○○をやめる方法」と似たような
テーマの記事タイトルです。

「○○をやめる方法」の本文では方法論を書くのがメインにな
るのに対し、このテンプレートは、「世間的に悪いとされている習
慣をやめよう」と、読者を勇気づける内容になります。

そのため、記事の内容は、「なぜやめる必要があるのか」とい
う理由を掘り下げていくのがいいでしょう。一から論理立てて説
得するような気持ちで文章を書き進めていきます。

理由を語るだけでなく、やめるために必要な方法を書くとさら
にいいでしょう。欠かせないアイテムや考え方、具体的な行動が
あれば、あますことなく紹介するのです。少しでも読者に役立て
てもらうために、情報量が多く、かつ濃い記事を目指すべきです。

ただし、読者を責め立てる論調にならないよう注意を払いまし
ょう。読み手の気持ちに寄り添って、共感を入れつつ語っていく
のがベストです。

28 ○○の驚くべき秘密

例：いくつ知ってる？ピラミッドの驚くべき秘密
例：好きなだけ食べても太らない人の驚くべき秘密

「秘密」という言葉には、ミステリアスな雰囲気が漂い、どことなく心が惹かれるものです。「秘密」だけでなく、「驚くべき」という言葉を見つけると、どんな内容なのだろうと、クリックせずにはいられませんよね。そんな人間心理を利用したのが、このタイトルです。

ある事柄について、意外な情報やトリビア、あまり知られていない秘密を紹介する記事に使ってみましょう。

自分の専門分野では常識であっても、他の人にとっては知らない情報だった、ということはよくあります。

家族や友人と話をしているとき、何気なくあなたが話した内容に「知らなかった！」というリアクションがあれば、記事にするチャンスです。ウェブの読者からも、同じような好反応が返ってくる可能性があります。

また、○○に入れる内容は、2つ目の例のように、読者がなりたいイメージや、悩み解決に寄せていくのもいいでしょう。その場合、記事の内容はハウツーを教えるものや、悩みが解決できる商品の紹介を書くとスムーズです。

29 Ａが知らないＢ

例：日本人が知らない最新5Gテクノロジー
例：実は損してる？「富士山に登らない人」が知らない人生

　あまり人が知らないレア情報が載っていることをほのめかすタイトルで、読者の好奇心を最大限に刺激することができます。また、知らないと恥ずかしいと思わせる基本的な情報を解説する記事とも相性がいいです。

　Ａに入れる言葉は、ターゲットとなる読者を意識することから始まります。上記の例のように、「日本人」「富士山に登らない人」と書いてあると、読者は、「私が知らないことって何だろう」と感じ、記事を読み進めたくなります。
　1つ目の例は「日本人が知らない」としましたが、「日本人だけが知らない」とすれば、さらに意味合いが強くなり、読者のクリックを誘うことができます。
　2つ目の例は、1つ目の例の応用パターンです。記事には「富士山に登ろう」という、読者が知らない、新しい趣味をすすめる内容が書かれています。富士山に登らないと何となく損をしているようなニュアンスです。ウェブユーザーは「損」を嫌いますから、そのあたりの心理をチクチク刺激すると、さらにいいタイトルになります。

　タイトルを考えるときは、ここまで紹介したテンプレートをフル活用しましょう。まず基本を真似て練習し続けることが、バズる記事への近道です。

世界一簡単に「バズるタイトル」が完成する2つのポイント

　ここまで、すぐに役立つ29のテンプレートを紹介しましたが、「テンプレートがありすぎて、どれにすればいいのかわからない。手っ取り早くバズる方法を教えてくれ！」というみなさん。
　バズるタイトルの大原則は、たったの2つです。

・読み手のメリット入れる
・数字を入れる

　これらを意識するだけでも、クリック率は100倍にも1000倍にも上昇します。一つずつ説明していきましょう。

　一つは、読み手のメリットを入れること。「この記事を読むと得しますよ」と、タイトルで叫ぶことです。
　読者の悩みを解決するように、「お金が貯まる」「結婚できる」など、端的に救いの手を差し伸べます。自分に関わりのある内容であり、さらに読者は得すると感じとれば、クリックせずにはいられません。

　もう一つは、数字を入れることです。
　ひらがな・カタカナ・漢字だらけの日本語のタイトルの中に数字があると、非常に目立ちます。数字がタイトルに入っているだけ

で、数ある記事の中でもそちらに意識が向かいます。その時点で、他のタイトルとの差をつけることができるというわけです。

それだけではありません。数字を入れることで、タイトルがより具体的なものとなります。タイトルが具体的であればあるほど、読者は中身の記事に興味を持ちます。

たとえば「公園」について書く場合、その公園に関する数字をタイトルに入れられるかどうかを検討しましょう。「広さは東京ドーム2個分の公園」であったり、「1900年開園の由緒ある公園」「毎日5000人が訪れる公園」といった具合です。

また、本文で言及する項目の数をタイトルに入れるのも、クリック率を上げる秘訣です。「3つの方法」「4つの理由」「5選」といった具合です。読者は読む前に、これから展開される本文の情報量がわかるので、安心してクリックしてくれます。

なお161ページにも書いた通り、タイトルに入れる数字は、3〜5など、1桁の数字がクリックされやすい傾向にあります。

このように、「とにかく簡単にバズるタイトルを作りたい！」と思った人は、まず、「読み手のメリットを入れる」「タイトルに数字を入れる」という2点を押さえましょう。

これまでバズった記事のタイトルの多くが、この2点をカバーしています。

書けばバズる!
「食いつきワード」の選び方

　タイトル作りに慣れていないと、「ひねりを利かせた表現を使って脚光を浴びたい」などと格好をつけたくなるものです。

　しかし、ウェブのタイトルでは逆効果。実際には、誰でもわかりやすい表現を使ったほうが、バズる記事に限りなく近づきます。

　誰しも、自然と反応してしまう言葉があります。

　たとえば婚活中の人なら、「出会い」という言葉には、反応せずにはいられませんよね。起業家の人であれば「儲かる」という言葉に食いつくはずです。

　このような「食いつきワード」をタイトルにたくさん入れることで、クリック率をさらに上げることができます。

　彼らが何を望んでいるのか、解消したい悩みは何なのか。それらを突き詰めていけば、答えが見えてくるはずです。

　また、競合サイトのランキングをチェックする方法もあります。さらに、「今」バズっているトレンドワードも、食いつきワードに数えられるでしょう（28ページ参照）。

　食いつきワードは、一つだけではありません。前出の婚活中の人であれば、「出会い」だけではなく、「身だしなみ」「マッチン

グアプリ」「デート」「ファッション」「プロポーズ」という言葉にも敏感なはずです。これらのワードはメモしておき、タイトルをつけるときは、常に参照しましょう。

　たとえば「婚活でいい人と出会う方法」について書く場合、どんなタイトルにするといいでしょうか。

　1:婚活でいい人と出会う4つの方法
　2:婚活でイケメンと出会いプロポーズされる4つの方法

　婚活で出会いを求めている女性読者なら、1より2のほうがクリックしたくなるはずですよね。「イケメン」「プロポーズ」という食いつきワードが2つ追加されています。

　食いつきワードは、タイトルに1つ入れて満足しないこと。もう1つ、いや、あと2つ入れることはできないかと、欲張ることが大切です。

　なお、62ページで「読者研究」の方法として紹介したように、食いつきワードは、その記事の読者が読んでいる雑誌やウェブメディアを研究することで見えてきます。

読者の目が釘づけに!
【 】(隅つきカッコ)の効果的な使い方

　タイトルには【 】(隅つきカッコ)を効果的に使用しましょう。
　【 】は語句を強調するのに使える記号で、タイトルに使うと黒みが目立ち、目を惹きつけやすいです。

　【速報】【朗報】【悲報】【独自】【衝撃】など、お知らせの種類を入れる手法や、記事のキーワードを入れる手法が最もポピュラーです。

　書いた記事の中で、一番重要なキーワードは何でしょうか?
　たとえば旅行記事の場合、エリア名を【 】に入れると、ターゲットを引きつけやすくなります。

　京都のおすすめスポットを紹介する記事であれば、次のNG例よりも、OK例のように、キーワードを【 】に入れて冒頭に置きましょう。

NG例

プロが教えるとっておきの京都の観光スポット

OK例

【京都】プロが教えるとっておきの観光スポット

キーワードを【　】に入れて冒頭に置くだけで、京都の情報を探している人の目に留まりやすくなります。

　ただし、同じ【　】でも、入れる場所には注意が必要です。

NG例

プロが教えるとっておきの観光スポット【京都】

　こうするのは逆効果。読者の目が最後の【京都】に達する前に、「これは興味ないな」と思われてクリックされない恐れがあります。

　また、【　】の中に長い言葉や文章を持ってくるとあまり目立たなくなるので、【　】の効果が薄れてしまいます。2〜4文字程度の短い言葉をタイトルの頭に持ってくるのが、理想です。

　シリーズや連載のタイトルなどは、【　】の中に入れるとまとまりが出やすくなります。その場合、次のOK例のように、タイトルの最後に持ってくるのがいいでしょう。

OK例

ドラマで話題!　高身長でキュートな彼の素顔にズームイン【台湾イケメン俳優の旅・第4回】

　【　】を効果的に使いこなせるようになると、タイトルのバリエーションが増えるだけでなく、自分の書いた記事が多くの人の目に触れやすくなります。ぜひ積極的に使ってみてください。

1つのタイトルに
二度同じ言葉を使わない

　記事のタイトルは、長くても30文字程度。限られた文字数で記事の魅力を表現し、読者にクリックさせることは、簡単なことではありません。

　だからこそ、限られた文字数の中に、できるだけたくさんの情報を詰め込むことがポイントです。

　具体的には、1つのタイトルに、同じ言葉を2回以上使わないようにしましょう。一度登場させた言葉をもう一度使うのは、文字数のムダ遣いです。私はそのようなタイトルを目にすると、「もったいない！ 他の情報も入れられるのに」と思ってしまいます。

　たとえば、次のようなタイトルです。

> **NG例**
> 夏までにダイエットしよう！ ズボラでもできる簡単ダイエット4選

　30文字の中に、「ダイエット」という文字が2回も登場しています。同じ言葉を2回使うことで、限りある文字数を無残に消耗していることが伝わるでしょうか。表現の幅も狭く、どことなく稚拙な雰囲気が漂います。

これを解消するために、どちらかの「ダイエット」を違う言葉に換えましょう。「ダイエット」と似たような意味を持つ言葉には、どんなものがあるでしょうか。

　「痩せる」「細い体」「スリム」「減量」「ほっそり体型」……などが思い浮かびます。これらの表現を使って書き換えると、次のようになります。

OK例

夏までに減量＆スリムな体! ズボラでもできる簡単ダイエット4選

　NG例の1文目にあった「ダイエットしよう」を、「減量＆スリムな体」という表現に変えています。
　「ダイエットしよう」は8文字、「減量＆スリムな体」も8文字。文字数は変わっていませんが、「ダイエット」が、より具体的な表現になっています。

　このように、言い換え表現をたくさん身につけておくと、奥深い文章を書くことができます。言い換えを探すときに重宝するのが「類語辞典」です。145ページでも詳しく解説していますので、そちらもぜひ参照してください。

タイトル冒頭の「9文字」で、勝負は決まる

　人が1つのタイトルを読み切るまでにかかる時間はおよそ3秒。そして、そのタイトルを最後まで読むかどうかは、最初の1秒で決まります。もう一度言います。「1秒」です。

　つまり、最初の1秒で心の片隅に引っかからなければ、そのタイトルはスルーされてしまうということ。せっかく書いた本文も、読まれることはありません。それだけタイトルのはじめにどんな言葉を置くのかは、重要なのです。

　私は、タイトルのなるべく最初に近いところ、遅くとも9文字目以内に、その記事のキーとなる言葉や「食いつきワード」を置くようにしています。10文字目以降に置くと、スルーされる確率が高まってしまいます。

　次のタイトル例を見てみましょう。

NG例

> スゴい家計簿入門!　誰でも1億円が貯められます

　たくさんお金が貯まる家計簿の作り方を説いた記事のタイトルです。前半に「スゴい家計簿入門」という言葉を置き、後半で

「誰でも1億円が貯められます」と伝えています。

　一見バズるタイトルに見えますが、ここで考えてみてほしいことがあります。それは、前半の1行と後半の1行を比べて、よりインパクトがあり、心が惹かれるのはどちらかということ。本当に「スゴい家計簿入門」が前でいいのでしょうか？　「誰でも1億円」という言葉を前に持ってくる方法もありますよね。

　前半にある「スゴい家計簿」かどうかを判断するのは、読み手です。記事を読んでみて、「そうでもなかった」と判断される可能性もあります。

　一方、「誰でも1億円」は、「えっ！ 本当に？」と、多くの人が思わずリアクションしてしまうキーワードですよね。宝くじのCMで毎年変わらず「3億円」と言っていることからも、億単位の金額はそれほどインパクトがあり、多くの人が夢を持つキーワードと言えます。
　185ページのテンプレート25で、タイトルに入れる金額は大きければ大きいほうが読者の反応が良いと書きましたが、その法則にも当てはまっています。

　以上の理由から、「誰でも1億円」こそ、このタイトルの「食いつきワード」です。後半に置いてスルーされる可能性が高くならないよう最初に持ってきて、より多くの人に訴えましょう。次ページのOK例と前ページのNG例を比べてみてください。

誰でも1億円を貯められる「スゴい家計簿」入門

変更前よりも引きつけられるタイトルではないでしょうか。

このように、タイトルの冒頭9文字にどんな言葉を置くのかを、しっかり考えましょう。食いつきワード、インパクトのある言葉、具体的な数字（金額、年齢、年収など）、固有名詞などは、タイトルの序盤に持ってきて目立たせるべきです。

どの要素を前に持ってきて読者を惹きつけるか。タイトルをつける際には、時間の許すかぎり熟考しましょう。

タイトルは文字数いっぱいまで情報を込めよう

目安が30文字と言われるタイトルの中に、どれだけ情報を詰め込むことができるか。これも、読まれる記事になる勝負の分かれ目です。

タイトルを考えたら、省略できる言葉がないかどうかをチェックしましょう。情報をぎゅっとコンパクトにしていくイメージです。そして余った文字数で他に情報を入れられないか、検討を重ねます。

次のタイトルを見てください。

NG例
「40代、50代にやっておけばよかった…」よくある後悔TOP10（32文字）

このタイトルを省略して、もっと情報を凝縮できないかを考えてみましょう。「やっておけばよかった…」は、もっと短くできそうです。なくても意味が通じそうな「よかった」の4文字をカットするとどうなるでしょうか。

OK例①
「40代、50代にやっておけば…」よくある後悔TOP10（28文字）

４文字短くなりました。さらに短くしましょう。冒頭の言葉である「やっておけば」を「やっとけば」にすると、どうでしょうか。より口語っぽくなりますよね。

`OK例②`

「40代、50代にやっとけば…」よくある後悔TOP10（27文字）

　最初に比べてマイナス５文字と、いい感じに凝縮できました。新たに生まれた５文字分で、何か情報を追加できないか考えていきましょう。
　後悔はどんなときにするものでしょうか。後悔するタイミングについて考えて加えると、次のようになります。

`OK例③`

「40代、50代にやっとけば…」死に際によくある大後悔トップ10（32文字）

　「死に際に」という少しドキッとさせる言葉を追加し、公開の前に「大」を入れて、よりインパクトを強めました。
　ここで再び、最初のタイトルと見比べてみましょう。

`NG例`

「40代、50代にやっておけばよかった…」よくある後悔トップ10（32文字）

同じ文字数ながら、OK例③のタイトルは情報がぎゅっと凝縮され、読みやすいタイトルになっていますね。

　このように、なくても意味の通じる言葉はなるべくカットします（135ページ参照）。その分、新しい情報、インパクトの強い言葉を追加できないかを、記事を公開する前にもう一度考えるようにしましょう。

　この言葉の短縮については、毎日楽しんでトレーニングできる方法があります。電車広告やウェブ広告を見て、「この言葉を短縮したり、言い換えたりできないか？」と考えてみるのです。あるいは、メールやLINEをするときに短縮するクセをつけるようにすると、記事を書くときも大いに役立ちます。

ピンときた言葉はメモして、
自分も使ってみる

　「食いつきワード」を考えるうえでも、「言葉の短縮」を考えるうえでも、語彙力を上げておいて損はありません。

　では、ボキャブラリーを増やしたり、みんなが「ウマい!」と唸るような、バズる表現を身につけるにはどうすればいいのでしょうか。

　まず最も大切なのは、言葉の「インプット」です。ふだんの生活で、ピンときた言葉を見つけたときは、必ずメモを取るようにしましょう。
　私は毎日、Yahoo!ニュースやTwitterのトレンドをチェックして、バズっている言葉を調べています(29ページにも書いた通り、ランキング上位にあるタイトルをチェックしています)。
　「こういうワードにみんな食いついているのか……」と噛み砕いて理解しながら、リアルタイムで脳に書き込むイメージです。

　気になる表現はとにかくメモ。スマホのメモ機能を使うのもいいですが、手書きで行うとさらに記憶に残りやすくなります。あえて清書したり、利き手でないほうで書くなど、時間をかけて書くことで、より頭に残りやすくなります。

同時に、気になった表現は、積極的に使ってみることも大切です。

　たとえばあるニュースサイトで「地獄の倒産連鎖」という記事がヒットしていました。「○○連鎖」は何かがどっと押し寄せるような勢いのある言葉です。これを自分の得意分野の課題に置き換えてみましょう。

　ポジティブな記事なら「新商品の完売連鎖」、ネガティブな記事なら「地獄の失恋連鎖」など、いろんな言葉を当てはめてみます。

　上手にできたと思うものは、仕事仲間と共有しても楽しいです。大喜利のように、みんなでどんどんアイデアを出し合うなどして、バズるワードを、どんどん自分のものにしていきましょう。

漢字とひらがなは
「3:7」が黄金比率

　バズるタイトル作りにおいて、漢字とひらがなのバランスは、非常に重要です。

　日本語には漢字やひらがな以外にも、カタカナ、アルファベット、数字もあり、世界的に見ても文字の種類が豊富。これらの文字をちょうどいいバランスで配合させていくのが、バズる文章を書くポイントです。
　あらゆる文字をバランスよく並べることで、それがアクセントになり、より多くの人に読まれます。

　たとえば、次の2つのタイトルを比べてみましょう。

　　A　かわいいねこの写真を集めたページ
　　B　かわいいネコの写真を集めたページ

　「ねこ」をひらがなで書いたAと、カタカナで書いたBのタイトルの比較です。直感で、「読みやすいのはB」と思った人は多いでしょう。

　「かわいいねこ」のように、ひらがなが5文字以上続くと、「ど

こまでが一つの言葉だろう」と、脳が自動的に言葉の区切りを探し始めます。そのため、わずかな時間ではありますが、言葉を理解するスピードが遅くなります。

　一方、「ネコ」とカタカナで書くと、言葉の区切りを探すタイムラグが発生することがありません。瞬時に「かわいい」「ネコ」と、はっきり意味を理解することができます。
　このように、ひらがなが続くタイトルは避けましょう。

　それは、カタカナも同様です。「スペシャルジャンボシュークリーム」と書くよりも、「スペシャル・ジャンボ・シュークリーム」とするなど、読者に親切な表記を心がけてください。

　さて、「ねこ」の話に戻ると、「ねこ」は「猫」と漢字でも書けます。ここでも、一考の余地がありそうです。表現を見比べてみましょう。

　B　かわいいネコの写真を集めたページ
　C　かわいい猫の写真を集めたページ

　BもCもひらがなが続かないため、読みやすいタイトルです。
　しかし、感じ取るニュアンスは変わってきます。カタカナの「ネコ」はよりカジュアルで親しみやすく、「猫」と漢字で書くと、少しまじめで専門的なイメージになります。

どちらを選択するかは、書き手のセンスです。読者の好みや SNS、ウェブサイトなどの全体的な雰囲気を想像しながら言葉を選択しましょう（どちらにせよ、猫がかわいいことに変わりはありませんから）。

　漢字、ひらがなのバランスは、タイトルだけでなく文章でも同じことが言えます。

　一般的な文章では、漢字とひらがなは3:7が、ベストな比率です。それよりも漢字を増やせば、真面目で堅い雰囲気の文章になります。説得力を持たせるために、政治経済や科学などの専門分野について述べた文章は、漢字が多めでもいいでしょう。

　反対に、ひらがなが多いと、よりカジュアルでやさしい雰囲気になります。トレンドやファミリー、子ども向けなどのライトな読み物は、ひらがなを増やすのがおすすめです。

読者の心をわしづかみにする
「脅しとフォローの法則」

　タイトルの中には、読者が一瞬で目が離せなくなる工夫を凝らしているものも少なくありません。それが「脅(おど)しとフォローの法則」を使ったタイトルです。

　「脅しとフォローの法則」とは、脅しが"ムチ"で、フォローが"アメ"のようなイメージです。タイトルに「脅しとフォロー」、2つが共存することで、読者は心を揺さぶられて、タイトルに吸い寄せられます。次のタイトルを見てみましょう。

タイトル例

　「今年は猛暑で一睡もできない可能性!? 熱帯夜でもぐっすり眠る方法はコレ」

　このタイトルは、前半で「猛暑で、眠れなくなるかも」と、読者を脅しています。年々日本の夏は暑くなる傾向にあり、睡眠不足の人は増えていることでしょう。読者がこのことに対して心当たりがあれば、ギクッとくるはずです。

　タイトルの前半を見て、「今年も眠れなかったら嫌だな」と直感的に不安に思った読者に対し、間髪いれずに後半で「ぐっすり眠る方法」と、救いの手を差し伸べています。

つまり読者は前半の言葉で一瞬ドキッとしますが、直後のフォローに揺さぶられ、記事を見ずにはいられなくなるというわけです。

　このようなタイトルを作るポイントは、想定される読者の悩みごとをストレートに前半で見せることです。その悩みごとが、もっと悪くなる、というニュアンスを加えてもいいでしょう。
　そして後半に、読者のカウンセラーになったつもりで解決法を提示します。もちろん、記事の内容も、解決法をメインに書くと読者に喜ばれます。

　ただ脅しただけで終わっているタイトルをときどき見かけますが、それだと効果は半減します。脅しとフォローのバランスをとって、魅力的なタイトルに仕上げましょう。
　たとえば、マネーや住宅に関する記事など、読者の生活に直結するテーマとの組み合わせがおすすめです。

当てはまったらアウト!
NGタイトル「ワースト3」

　読者のメリットがないタイトル、パッと見て意味のわからないタイトルはNGです。とくに次の3つに当てはまるタイトルは、アウトです。

> ① 自分の思いをただ叫んでいるだけのタイトル
> ② 表現にこだわりすぎて、ポエムのようなタイトル
> ③ 10文字以内の短すぎるタイトル

　タイトルを作った後は、上のケースに当てはまらないか必ずチェックしましょう。せっかく掲載しても、誰の反応も得られずに終わってしまう——そんな悲しい目に遭わないためのチェックリストになります。

NG例①

夏がきたぞ～～～!　ビールがうまい季節だぞ～～～!

　自分の思いをただ叫んでいるだけのタイトルです。これだけでは情報が少なさすぎてクリックしづらいですよね。タイトルもシンプルすぎて、内容にも期待がもてないと思われます。
　次のOK例①のように、自分の叫びは短縮して、代わりに読者にとってのメリットをつけ加えましょう。

夏だ！　ビールだ！　都内でおすすめのビアガーデン5選

　夏が来たという喜びをタイトルの序盤に示しながら、「おすすめのビアガーデン」「5選」と入るだけで、読者にメリットを感じさせるタイトルになりました。

　自分の感情よりも、読者へのメリットを前に出すのが、読まれるためのコツです。

東京。本当のミライ。大変革2.0

　格好をつけすぎるあまり、ポエムのようなタイトルになっています。タイトルは、本文の内容を端的に示すもの。表現の格好よさよりも、「わかりやすさ」を追求しましょう。

刮目せよ！　東京が2020年代に大変革を遂げる理由

　このように的確に内容を書くことで、「東京の変化」をひもとく記事であることが理解でき、読者の好奇心を刺激するタイトルになります。表現にこだわりすぎて伝わらないタイトルになってしまっては、本末転倒です。記事で何を伝えたいのか、改めて整理してみるといいでしょう。

NG例③

犬の飼い方

10文字以内の短すぎるタイトルは、情報量が少なく、読者に十分な情報を与えることができません。

文章を書く前の、仮で考える段階であれば問題ありません。しかし、推敲する段階では、読む前から読者をワクワクさせるような、より魅力的な表現を追加することが大切です。それだけで、クリック率が急上昇します。上記のタイトルを工夫すると、次のようになります。

OK例③

プロが教える！　一生のパートナーになる犬の飼い方・育て方

このように変えるだけで、タイトルに厚みが出て、心をグッと惹きつけるものに変わりました。「プロが教える」「一生のパートナーになる」は、読み手にとっての「食いつきワード」と言えます。

ファンが10倍増える！ 魅力的な「プロフィール文」の 書き方

　ウェブの記事は「何を書くか」ではなく、「誰が書いたかが重要」と言われます。

　書く内容ももちろんですが、読者は「誰が書いたか」に興味を持ち、記事の信頼度をはかっています。ブログやnoteなど、不特定多数の人が見るメディアに記事を投稿する際は、芸能人や文化人になったつもりでプロフィールを書きましょう。そのためにはまず、自分の肩書を決めることが大切です。

　たとえば会社員の場合、「営業事務のエキスパート」「法人営業の専門家」「ベンチャー企業で経理」など、いろいろな表現が考えられます。職業でなくても、「ニート」と名乗る人もウェブでは珍しくありません。私のような「ライター」も、肩書を名乗るのに資格が必要ではなく、ある意味"名乗った者勝ち"なのです。

　自分にふさわしい肩書がなければ、作ってしまうのも一つのやり方です。読者が「この人の記事を読んでみたい！」と思うような、クリエイティブな肩書を考えてみましょう。

　どこにでもある肩書のため目立ちにくいと思えば、自分の住んでいる場所や、キャリアを加えてもいいかもしれません。単なる「主婦」とするよりも「専業主婦歴この道50年の東京人」としたほうが、興味をそそられますよね。

肩書の後には、必ず活動内容を入れましょう。数字を入れるとより具体的になり、すごみが増します。

　趣味でアクセサリーを作っている人であれば、「アクセサリー制作歴5年」「これまで100個のアクセサリーを制作」など。「そんなにたくさん作ってないよ……」と思ったのであれば、「月に1個のペースで、精力的にアクセサリーを制作中」と書いてもいいでしょう。

　「精力的に」と書くことで、「何かすごい」という感じがしませんか？「個性的なデザインが評判を呼ぶ」と書いてもOKです。セミナーやイベントを開催した経験のある人は、プロフィールに入れましょう。これまでの受講者数の合計も入れるようにします。

　たとえばアクセサリー作りが趣味の主婦A子さんでも、次のように魅力的なプロフィールになります。ハンドメイド販売サイトや、フリマアプリでも、プロフィール文に工夫を凝らすことで、売り上げを何倍にも伸ばすことができます。

プロフィール例

A田A子
肩書：アクセサリー作家
福井県在住。主婦業のかたわら、空き時間でアクセサリー制作を開始。作家歴は5年で、カラフルなビーズを使ったデザインが購入者から評判を呼ぶ。現在も、月に1個のペースで制作するなど、精力的に活動中。

肩書を手に入れた時点で、シロウトではありません。

　かつてのあなたを知る友達は、その変貌についてからかうかもしれません。また自分でも、慣れない肩書に、恥ずかしさを感じることもあると思います。

　しかし、バズる書き手になるためには、恥ずかしさをかなぐり捨てて、なりきってしまいましょう！

第 **7** 章

バズる記事を量産！
売れっ子ライターに
なるための必須条件

バズる記事を書けるようになれば、多くのメディア
から執筆依頼がくるようになります。
とはいえ、千里の道も一歩から。まずは書かせてくれ
る媒体探しから始めましょう。

ウェブメディアで執筆したいなら必ずやるべき3つのこと

　自分の専門分野を発揮して、仕事として文章を書いてみたいと思ったら、自ら行動を起こしましょう。

　SNSの投稿を見て編集者が連絡をしてくるケースもありますが、そのような事例はごく一部。むしろ、稀(まれ)だと考えておいたほうがいいと思います。

　自分からアクションを起こしたほうが遥かに早いです。

　あなたが好きで、ふだんからよく見ているメディア、記事を書いてみたいメディアはありませんか？　そこに企画を送ってアプローチしてみましょう。

　好きなウェブサイトの下のほうを見てみてください。

　「ライター募集」の文字があれば、チャンスがあります（「ライター」ではなく、「ガイド」「アンバサダー」など、メディアによって呼び名は異なります）。

　意外とたくさんのメディアがライターを募集していることに驚くでしょう。

　「企画を送るなんて、ハードルが高そう……」と思うかもしれませんが、難しく考える必要はありません。編集者は常に新しくバズる書き手を探しているので、むしろ応募はウェルカムです。

応募する際は、次の3点を1セットにして担当者に送ります。

1 自身のプロフィール
2 書きたい記事のタイトル（企画）5本
3 2の中から1つ選んで作成したサンプル原稿

とくに大切なのが、1のプロフィールです。編集者はプロフィールに魅力がないと判断すれば、企画を見ようとすら思わないでしょう。

プロフィールも文章ですから、これがきちんとした日本語になっていなければ、「サンプル原稿もたかが知れている」と判断されてしまいます。

プロフィールで専門性を出すことは、他のライターとの差別化を図る意味でも大変重要です。

214ページのプロフィールの作り方を参考にしながら、ぜひ一度考えてみてください。あまり長すぎるプロフィールも嫌われてしまいます。長くても、A4用紙の半分くらいまで書ければ十分です。

2の「書きたい記事のタイトル」は、執筆を希望する媒体に紛れ込んでいてもおかしくないものを考えるようにします。

ビジネスパーソンが読むような経済メディアであれば、お金、仕事術、コミュニケーションなどのビジネスに関わるものがいいでしょう。

サイトにあるランキングを見れば、記事の雰囲気を大体つかめ

るはずです。上位にランクインしている話題をテーマ選びの参考にして考えると、うまくいくでしょう。

　この段階では、「バズるタイトルにしなければ」と気負う必要はありません。最終的にタイトルは編集者がつけることも多いので、あくまで執筆機会を得るためのステップだと思うようにしましょう。タイトルの文字数も、そのメディアに合わせればOKです。

　タイトルを考えたら、その中から一番自信のあるものを1つ選んで、③のサンプル原稿の作成に取りかかります。

　サンプル原稿は、実際にどんな記事になるか、編集者にイメージしてもらうためのものです。もちろん、基本的な文章力もチェックされます。とくに指定がなければ、サンプル原稿は1000文字くらいを目安に書いてみましょう。
　この3つが揃ったら、ウェブメディアの「ライター募集」の窓口にメールを送り、編集者からの返信を待ちます。採用、あるいは執筆の可能性がある場合は返信がありますが、それ以外は返信がないところも多いです。

　2週間ほどたっても返信がない場合は、残念ながら不採用と考えて、次のチャンスに向けた準備を進めましょう。

　私もこれまで、多数のメディアに関わってきました。そこで感じるのは、企画の採用基準は、ライターの知名度にかかわらず、公平であるということ。

「書き手自身がバズった経験がないからボツになる」ということはありません。「ボツになったのは、そのメディアでは需要のない企画だったから」と、前向きに考えましょう。

　Aというメディアには需要がなくても、Bというメディアには刺さった、ということは多々あります。

　また、不採用の通知が届いても、半年〜1年ほど期間を空けて、再びチャレンジするのもまったく問題ありません。

　一度ダメだったからと言ってあきらめず、継続してチャレンジすることで、執筆機会を得ることもあります。

書く機会を求めるなら「自分が よく見るメディアに応募」がベスト

　「どのメディアにアプローチすればいいかわからない」という人は、まずは自分がよくチェックしている媒体を選ぶことをおすすめします。自分がよく見ているメディアであれば、どのような記事が読まれているか、推測しやすいからです。

　ただし、閲覧数の多いメディアは、採用されるハードルが高いと言えます。執筆経験の浅い人が、「文春オンライン」や「東洋経済オンライン」といった、誰もが知る大手メディアでいきなりデビューできる確率は、かなり低いと考えてください。

　執筆経験の少ない人は、まずは記事を書く経験を積み、実績を作ることが大切です。認知度がそれほど高くないメディアであれば採用される可能性も高くなるので、臆せずチャレンジしましょう。

　次ページの表は、ウェブメディアの一部です。メディア名の横の数字は、月間PV数になります。
　PV数と企画採用の通過率は連動しているケースが少なくないので、参考にしてください。

▼総合情報サイト：

文春オンライン	2億8318万5754PV[※]
現代ビジネス	2億6501万4492PV[※]
AERA dot.	6079万3384PV[※]
日刊SPA!	1038万6796PV[※]

▼経済：

東洋経済オンライン	2億2791万4327PV[※]
ダイヤモンド・オンライン	8507万6434PV[※]
PRESIDENT Online	6360万6770PV[※]
ビジネスインサイダー	約4000万PV（2020年1月）
IT mediaビジネスオンライン	約2314万PV（2021年1月実績）
日経ビジネス電子版	1638万3954PV[※]
キャリコネニュース	1600万PV

▼女性

ウレぴあ総研	4000万PV
愛カツ	4000万PV（2019年5月現在）
CLASSY.ONLINE	1522万2331PV[※]
ハウコレ	1500万PV
女子SPA!	1053万5833PV[※]
日経DUAL	343万8281PV[※]
Suits-woman.jp	258万5576PV[※]

※日本ABC協会発表のWeb指標一覧　2020年10-12月より
　（自社サイトの月間閲覧ページ数・3ヶ月の月間平均）
　その他は、各社媒体資料より引用（月間PV）

どの媒体でもいいので、とにかくチャレンジする機会が欲しいという人は、「All About（オールアバウト）」を目標にすることをおすすめします。

　「All About」は2001年からサービスを開始した生活総合情報サイトで、ウェブメディアとしては老舗になります。

　記事のジャンルも幅広いので、あなたにぴったりの専門分野が見つかるはず（私も現在、旅行記事の連載を持っています）。編集者のサポートも手厚いので、書き手からも人気のサイトです。

デビュー前に知っておきたい!
ライターの仕事には2種類ある

　ウェブ用のテキストを執筆する「ウェブライター」という職業が人気のようです。時間や場所を選ばず、スキマ時間でできるので、副業としても注目を集めています。

　とはいえ、「原稿料はいくらなのか」「食べていけるのか」と疑問を持つ人も多いでしょう。そこで、ウェブライターにまつわるお金の話をしたいと思います。

　まず、ウェブのライティングには大きく分けて2つの種類があることを覚えておいてください。それは、「署名あり」のライティングと、「署名なし」のライティングです。

　署名というのは、執筆者の名前です。記事に名前が出るか出ないかによって、働き方は違ってきます（署名の有無は、メディア側が決定することが多いです）。

1 「署名あり」は専門性が命!

　署名ありのライティングは、顔と名前を出して記事を書く仕事です。政治経済、ビジネス、旅行、マネー、グルメ、美容、恋愛など、何かのジャンルに精通している、専門家としての立ち位置をとります。

一番のメリットは、自分の書きたいことが書けること。人気ライターになれば、本の執筆や、テレビ・ラジオ出演の声もかかるでしょう。

デメリットは、内容がおもしろくなければ、容赦なく切り捨てられるところです。また、記事が炎上した場合、SNSへの誹謗中傷が飛んでくることもあります。

署名記事を書くライターになると、専門分野を極める、最新情報に触れる、文章力や企画力を磨くなど、継続的な努力が必要になります。

2 「署名なし」でコツコツと裏方に徹する!

署名なしのライティングは、名前や顔を表に出さずに、裏方として活躍する仕事です。

今や、ニュースサイトだけでなく、数多くの企業がホームページを持ち、情報発信をする時代です。ネット上に散らばっているテキストは、大勢の裏方のライターに支えられています。

彼らは、顔と名前は出ないものの、クライアントからの注文を忠実にこなすプロフェッショナルです。それだけに、高い文章力が必要とされます。とくに医療や法律などの高度な専門知識を持っている人は重宝され、報酬も高いです。

メリットは、名前が出ないので、炎上のリスクがないこと。特殊な専門性を持っていれば、仕事が途切れることはありません。

デメリットは、名前が出ないうえ、自分が書きたい内容が書けないこと。ライターとして有名になりたいという人にとっては、物足りないかもしれません。

　署名ありとなし、2つのライティングを紹介しましたが、「じゃあ、どちらのほうが稼げるの？」と疑問を持った人もいるでしょう。「署名ありのほうが稼げる」というイメージを持つ人もいるかもしれません。

　しかし、そうとは言い切れません。
　署名あり・なしにかかわらず、稼げる人は稼げるし、稼げない人は稼げないのが現実です。
　それぞれの原稿料については、次節で説明します。

【閲覧注意】結局、ライターって いくら稼げるの？　最新お金事情

　ウェブの原稿料は安いです。

　もう一度言います、原稿料は安いです。

　気軽になれるウェブライターですが、そのぶん、報酬はそこまで高くありません。ガッカリした人もいるかもしれませんね。

　ウェブライターのお金事情はどうなっているのか、下記に代表的な原稿料の相場を紹介します。

1　署名あり、デビュー記事の原稿料は1本3000〜5000円

　私が独自に調査したところ、ライフスタイル、旅行、グルメ、美容、恋愛など、気軽に読めるコラムを掲載しているサイトは、署名ありのコラムで1本3000〜5000円が相場のようです（医療や法律など専門知識が求められる場合は別）。

　大手出版社が運営しているサイトだともう少し高い場合もあるようですが、一般的なコラムサイトの多くは、ベンチャー企業によって運営されており、上記のような相場です。

　もちろん、頑張れば原稿料は上がるところがほとんどです。PV数や人気度に応じてインセンティブ（報奨金）を支払うメディアもあります。

コラムサイトの連載陣に入るには、応募書類を通じて審査があります。

　また最近では、「誰でも連載が持てます」という触れ込みのコラムサイトもたくさんあります。ただその場合、「原稿料ナシ」というのがスタンダードのようです。

　初めてコラムを書く人や、複数のサイトに応募しくも軒並み不合格だった人は、練習や実績を積むという目的で、「原稿料なし」のサイトにチャレンジしてみてもいいでしょう。

　しかし、応募するのは長くても３ヶ月程度にとどめておき、書くことに慣れてきたら、原稿料をもらえるサイトに応募することをおすすめします。

 ## 一流メディアの原稿料は1本2万円〜

　PV数が月間数千万〜数億の一流メディアの場合、1本２万円程度が相場のようです。書き手一人ひとりに編集者がつき、執筆のサポートもしてくれます。

　もちろん、人気の書き手であれば、原稿料は上がります。PV数や人気度に応じてインセンティブ（報奨金）を支払うメディアもあります。

　原稿料が高くて魅力的かもしれませんが、執筆陣に加わるまでが大変です。独創的な鋭い視点や文章力はもちろん、医療や法律、税務、不動産などに関する国家資格を持っていたり、書

籍を出版していたりするなど、それなりの実績が必要になります。

3　広告ライティングは数万〜数十万円規模

　ウェブライターたちが「原稿料が高い」と共通認識を持っているのは、広告記事のライティングです。ニュースサイトや情報サイトに掲載する広告記事やPR記事を書く仕事になります。

　原稿料は1本数万円〜、高いもので数十万円までに跳ね上がります。

　依頼主はおもに広告代理店です。原稿料が高く、モノやサービスを売るための文章ですので、高度なテクニックを必要とします。広告代理店の注文に忠実に応えるプロフェッショナルな能力が求められます。が、書き手の名前は出ないことがほとんどです。

　原稿料が高いので、広告ライティングを専業にすれば、ライターとして食べていける可能性があります。

　しかし、コラム連載と違って、定期的に仕事が発生するわけではありません。原稿料は高いけれども、先の見通しがききづらいのがデメリットと言えるでしょう。

4　ウェブサイト制作

　企業やお店のホームページを新しく制作する際、テキストをライティングする仕事です。依頼主はおもにウェブ制作会社です。

企業情報や会社概要、サービスの内容、経営者インタビューなど、載せる内容は様々。

　原稿料は、「1文字いくら」という字数換算や、「1ページいくら」というページ換算などの計算方法があります。ページが多ければ多いほど、原稿料は上がっていきます。

　こうした企業ホームページは年に1度、繁忙期があります。

　それは、新卒採用のシーズンです。毎年、各企業が採用の特設ページを作るので、そのテキスト依頼が舞い込むのです。

　学生に向けた会社のPR文や、経営者および先輩社員のインタビューなど、ライターへの依頼が増える時期であり、稼ぎ時です。取引先に気に入ってもらい、「来年もこのライターに頼もう」と言われるように頑張りましょう。

　ちなみに「副業　ウェブライター」と検索すると出てくる仕事の多くは、この類になります。

　ですが、こうした仕事の条件を見ていると、1文字2円を下回るもの、厳しいところだと1文字0.5円という募集を見かけます。

　いくら初心者のライターであっても、署名なしで2円を下るものは安すぎると感じます。そういった案件に限って5000文字以上など、プロのライターでも苦労するような文字量を求めてくるようです。

　字数換算で1文字2円未満の募集は、労力に見合う金額ではありません。安すぎます。

こうした激安の募集に飛びつくことのないようにと、私は文章講座の生徒にも教えています。

　コスパの悪い案件で疲弊してしまい、「ウェブライターってつまらない」と離脱してしまうのはもったいないです。

　ライティングの仕事を続けるコツは、最初は好きなジャンルを書くこと。署名ありで原稿料1本3000 〜 5000円のコラム執筆者を目指しましょう。こうしたコラムは、1本あたり1000 〜 1500文字がほとんどです。

　なお、報酬については、募集要項に書いてない場合、応募した段階でメディア側から説明があるのが通常です。

　もしも説明がない場合、「原稿料はいくらですか」とフラットに聞いてみるべきです。必ず仕事を始める前に確認しましょう。そうすれば、仕事が始まってからもモヤモヤしません。

　「聞きづらい」という人もいるかもしれませんが、編集者はそのような質問に慣れていますので、聞いて問題ありません。

長く活躍するライターが
行っている「あること」とは?

　原稿料の安さに、驚いた人もいるかもしれません。ウェブの連載だけではとうてい食べていけないことが、理解してもらえたと思います。

　たとえば1本5000円の原稿で、1ヶ月20万円を稼ごうと思ったら、毎月40本も書く必要があります。これは、プロのライターでも厳しい条件です。

　ライター業で生計を立てている人はほんの一握り。ライターをしながら都心で一人暮らしをするだけでも、「すごい」と称賛される世界です。

　フリーランスのウェブライターで生計を立てている人は、様々な仕事を何本も掛け持ちしています。連載を何本も抱え、広告案件や企業ホームページの仕事なども一手に引き受けています。

　それでもフリーランスは不安定で、連載を打ち切られたり、仕事がなくなったりすることはザラです。

　生活が安定しないので、実家で暮らしている人もいますし、本業を持っている人も多いです。

　もし、あなたがライターとして独立を考えていたら、かなり慎重になってもらいたい。生活の保証がある状態で始めることをお

すすめします。本業がある場合は、簡単に手放さないほうがいいかもしれません。

　ですが、ライター業は非常に夢のある世界でもあります。
　記事がバズって人気ライターになれば、原稿料は上がり、本の執筆ができれば、印税収入も見込めます。テレビやラジオの出演料や、講演やセミナーを開けば、プラスの収入になります。
　軌道に乗れば、同年代の会社員と比べて、2倍以上の収入を得ることも可能です。

　専門分野をひとつ見つけたら、一生、その分野を書いていかなければならないのか……と気負う必要はありません。執筆ジャンルは自由に増やしていくべきです。

　私自身、署名記事を書き始めた20代の頃、専門分野は恋愛でした。しかし、年を重ねると、「恋愛」という分野に限界を感じてきました。

　恋愛について考える時間が減ったり、読者である20代女性の気持ちに寄り添うことができなくなってきたというのが理由です。
　そこで趣味の鉄道・旅行、そしてこの本のような、ウェブライティングのテクニックへとジャンルを広げました。

　同じライター仲間に話を聞いても、ジャンルを広げている人は多くいます。
　昔は恋愛ものを書いていたけれど、今はゲームを専門に書い

ているとか、子育て術に特化した記事を書いているとか、みなそれぞれにジャンルを広げる工夫をしているようです。

　息長くライターの仕事を続けるには、一つのジャンルに固執しないことがポイントです。ライフスタイルの変化に応じて、自由に活躍の幅を広げていきましょう。

　そして、ライターとして生計を立てるには、何より、書くことを継続することが大切です。多くの人が稼げないうちに離脱してしまいますが、書き続けることで、自ずと稼げる文章力と経験が身につくものです。
　文章力はもちろん大事ですが、最新情報を定期的にチェックする、自ら知識を深める努力をするなど、できることはたくさんあります。

Super Writing Encyclopedia

交通費や資料代はどうなる？
ライターの経費事情

　ウェブライティングをするにあたり、取材が発生することもあります。その場合、交通費などのお金はどうなるのか。
　たとえばグルメライターが、執筆するうえで飲食した場合、そのお金は経費としてメディアから支給されるのでしょうか。

　結論から言うと、「基本的に自腹」になります。
　メディアに対して自分から書きたいことを提案した場合、取材費が出ることはほとんどありません。自腹で取材をして、ネタを増やしている人がほとんどです。

　交通費などの取材費がもらえるのは、メディアから執筆依頼があった場合です。編集者から「ここに取材に行ってください」と依頼がくれば、遠方の場合、「交通費をいただけますか？」と交渉ができます。
　基本的に「ここに取材に行きたい」と自主的に取材活動をする場合、「経費は自腹」ということを覚えておきましょう。

　執筆にかかる書籍などの資料代や道具代も同様です。
　メディアからの依頼であれば、経費は支払われる、または交渉の余地があります。自主的に取り組む記事の場合は、基本的には自腹になりますのでご注意ください。

236

　本書は、私が2013年から2021年までの8年間で地道に行ってきた、「バズった記事」の研究をもとに執筆したものです。その数は、10,000本をゆうに超えます。

　「バズった記事」として参考にしたのは、「Yahoo!ニュース」などの総合ニュースサイトをはじめ、「東洋経済オンライン」「プレジデントオンライン」などの経済系から「All About」「レタスクラブ」といった生活情報系のサイトまで様々です。

　また2018年からはツイッター上で研究内容を公開しており、ハッシュタグ「#タイトル職人」でまとめて見ることができます。もちろん、その内容も本書に盛り込んでいます。

　ウェブでバズったタイトル以外に、雑誌や書籍タイトルも参考にしています。これらの見出しやタイトルは、編集者が研究に研究を重ねて作り上げており、タイトルを考えるうえで非常に勉強になるからです。

　そのため、本書で紹介しているタイトルには、雑誌や書籍のノウハウも盛り込んでいます。私の8年間の研究成果が、少しでもみなさんの参考になればうれしいです。

ウェブ記事はタイトルがすべて——ではありません。
「この本でもタイトルの重要性を説いているのに、一体どうして?」と、面食らった人もいるでしょう。

もちろん、ウェブ記事でタイトルは重要です。それによって読まれるかどうかが決まります。どんなに中身がよくても、タイトルで読者の関心を惹きつけることができなければ、スルーされてしまうという厳しい現実があります。

しかし、その法則を知ってか知らずか、タイトルだけ派手に着飾って、中身がまったく伴わないウェブ記事も見受けられるようになりました。それはよい記事とは言えません。読者の期待感を踏みにじる、無慈悲な行為です。

この本の読者であるみなさんは、そのような悪質なバズる書き手にならないようお気をつけください。「ヘッヘッへ。中身は適当で、タイトルだけ派手にすればいいんだろう」とお思いの方、今すぐこの本をお捨てなさい。

バズる記事を書きたいなら、興味をそそるタイトルで、中身もしっかり詰まっている。これが発信者として理想的な、あるべき姿。真のバズる記事なのです。

これまでバズってきた記事は、すべて中身が伴っていることを忘れないでください。

　良質なタイトルに、良質な中身が伴えば、すごいことになりますよ。

　「バズる記事」は、一朝一夕では書けません。継続を積み重ねて初めて実現します。小さな努力を楽しめる人ほど、バズる記事へと近づいていきます。

　この本に書かれていないバズる法則を見つけたら、どうぞ気兼ねなく書き込んで、アップデートしてください。

　なお、巻末に、「バズる単語136」という付録をつけました。ここに載っている「バズる単語」にも目を通し、日々の記事づくりに活かしてください。

　近い将来、同じ"バズる書き手"として活躍するあなたと、お会いできる日を楽しみにしています。

東 香名子

【 極 秘 】

これを使えばPV激増！

「バズる
単語
136」

バズる記事には、必ず目を引く単語が載っています。

この付録では、とくにバズりやすい136の単語を厳選しました。

ぜひ意識して使うことで、バズる確率を高めてください。

Word 001

コツ

- 旅のプロが伝授!「予約の取れない旅館」を予約する<u>コツ</u>
- モテる女子はやっている! 彼氏が途切れないLINE5つの<u>コツ</u>

ハウツー記事に適しています。ある程度のやり方はわかるものの、もっとレベルアップしたい人や、スムーズにいかなくて困っている人へアピールしましょう。1つ目の例のように、上手な人が教えていることをタイトルに書けば、さらにクリック率が上がります。

Word 002

テク／テクニック

- たったこれだけ! ウェブでバズる文章を書く5つの<u>テク</u>
- プロが伝授する「絶対儲かる投資の<u>テクニック</u>」がスゴい!

何かを上達させる方法が知りたいとき、ウェブで検索すると便利ですよね。自分が探していた情報に「テク」という言葉が加われば、読者は「これだ」とすぐにクリックします。「テク」と表現すればカジュアルでライトな印象、「テクニック」とすれば、より本格的な印象を与えます。

Word 003

ポイント

・初めてのマンション購入が成功する4つの<u>ポイント</u>

・ここが<u>ポイント</u>！　初めての投資信託の選び方

ハウツー記事にうってつけで、初心者でも使いやすい便利なワードです。この言葉を使うときは、必ず数字とあわせて使ってください。数字の入ったタイトルを見た時点で、一気に読者の頭の中が整理されて、記事内容を受け入れやすくなります。

Word 004

裏ワザ

・人気アイドルのライブチケットが簡単に取れる4つの<u>裏ワザ</u>

・少しでもいい席を！ライブチケットの<u>裏ワザ</u>・5つ

広く知られている情報ではなく、一部の人にしか知られていない特別な「裏ワザ」。どことなくミステリアスな雰囲気に、心が惹かれる言葉の一つです。「〜できる」「〜になれる」といった読者のメリットを端的に書いてアピールしましょう。

Word 005

メソッド

- 1ヵ月で自由にサイトが作れる「超速プログラミング」 4つ の<u>メソッド</u>
- 偏差値30から我が子を東大に入れる「秋山流<u>メソッド</u>」が スゴい

「やり方」や「方法」を意味する英語。カタカナ語なので、少しインテリで都会的、かつ本格的な雰囲気を醸し出します。

相性のいい記事は、ビジネスやスポーツ、芸術など、スキルに関する記事です。教える人の名前を冠して「○○流」とすると、よりインパクトが大きくなります。

Word 006

原則

- バズる記事を作成するときに絶対必要な5つの<u>原則</u>
- これだけ守って！　ダイエットが上手くいく4つの大<u>原則</u>

初心者が使いやすく、バズりやすい鉄板のワードです。「原則」とは、物事を実現させる大切な共通事項のこと。意味はルールと変わりませんが、より根強い実直な印象を与えます。読者が達成したい目標を端的に書いて、数字と一緒に使いましょう。

鉄則

- 夏バテを防いで栄養抜群「真夏の家庭料理」 4つの<u>鉄則</u>
- 貯金が減らない!　10倍になる!　金持ちになるための3大<u>鉄則</u>

「原則」と似たような言葉ですが、鉄のように硬く「これだけは絶対守らなくてはいけないルール」という強い印象を与えます。読者の悩み解決や、達成したい目標を的確に捉えてタイトルに書きましょう。数字とあわせて使うとクリック率が上がります。

解決策

- これで安心!　エアコンから水が漏れたときの<u>解決策</u>とは
- 「結局、スマホはどれがお得で使いやすいの?」と悩む人へ たった1つの<u>解決策</u>

読者の悩みに対して、この記事に解決方法がありますよ、と教えるストレートなタイトルです。読者の悩みを、わかりやすくタイトルで紹介しましょう。また、2つ目の例のように、彼らが頭の中で思っていそうなセリフをそのまま代弁しても、PV数アップにつながります。

ルール

・最初が肝心!　円滑な会議を進めるための4つの<u>ルール</u>
・初心者必見!　話題の「eスポーツ」<u>ルール</u>まとめ

物事の規則のこと。ビジネスから、理想の人間像になるための
ハウツーなど、汎用性があり、便利な言葉です。カタカナ3文
字なので、漢字ばかりのタイトルの中に入れることで、ちょうど
いいバランスになります。数字と相性がよく、初心者向けに物事
を解説する記事にもピッタリです。

簡単

・誰でも<u>簡単</u>に月収+10万円になる副業BEST5
・超<u>簡単</u>!　プロが教える「最強茶わん蒸し」の作り方

「簡単」は、読者の心理的ハードルを下げるにはピッタリの定番
ワードです。とくにハウツー記事のタイトルは、読者の心のハー
ドルを下げられるかどうかがポイントです。タイトルを読んで「自
分にもできそう」と読者に思わせてクリックを誘いましょう。

手軽

- ・忙しい主婦でも超お手軽にホームページが作れるアプリ3選
- ・給付金は手軽にオンライン申請が可能です

ウェブのユーザーには、悩みをさくっと解決したいという深層心理があります。「手軽」という言葉で読者の心理的ハードルを下げましょう。一般には難しく思われたり、時間がかかると思われていることも、タイトルで「手軽」と種明かしすることで、読者の注目を集めることができます。

シンプル

例

- ・「若くなった!」と家族に褒められるシンプルな肌ケア・4つの鉄則
- ・面倒なプログラミングをシンプルな作業に一発変身させるツールとは

簡単さ、手軽さをカタカナで表現する「シンプル」。これも、読者の心理的ハードルを下げるのに役立ちます。カタカナ4文字なので、漢字が並ぶ堅苦しいタイトルの緩和剤としても活躍します。カジュアルなイメージを加えることができるので、女性向けの記事とも相性がいいでしょう。

たった

例

・1億円稼ぐ人がよく口にする<u>たった</u>1つの成功法則
・全女子必見！　<u>たった</u>コレだけでかわいく見える鉄板メイク

数の少なさを強調してくれるワードです。数字も入れて、読者に強くアピールしましょう。とくに「1」という数字を入れられるようなら、必ず入れてください。数が多いと思われている事柄に対し「1」という数字を使うことで、「意外と少なかった！」というギャップが生まれ、クリック率が上がります。

意外

例

・え、これも料理に使えるの？　家事がはかどる<u>意外</u>な「キッチングッズ」4選
・<u>意外</u>！　女性に聞いた「旦那さんにしたい職業」ランキングTOP10

ある程度予想がつくことを裏切る、という意味で使われる言葉。読者は想定との違いを期待して、記事をクリックします。何か物足りないと感じるタイトルに入れると、一味違った印象になるという、スパイスのような言葉です。冒頭に「意外！」と入れて、読者の目を引く手法もおすすめです。

Word 015

思わず

・男性が思わず「キュン」とする彼女のデート仕草3選
・思わず二度見!ペットのかわいすぎる寝顔選手権

そうするつもりはなかったのに、無意識にやってしまうことを表す
ワードです。タイトルに人間味を出すことができるので、ライフス
タイルや人間関係の記事に合うでしょう。読者の憧れの人が、
自然と行っていた習慣を紹介する記事にも人気です。

Word 016

無意識

・仕事ができない人が無意識に送ってしまっている3つのメー
ル
・【心理テスト】あなたが無意識に触っている顔のパーツで
本音まるわかり

意識せず、自然にやってしまうことを表すワードです。知らない
間に体が動くことに、読者の好奇心がそそられます。目標とする
人が意識せずに行っている習慣を紹介する内容は人気がありま
す。「あるあるネタ」とも相性がよく、読者の興味を惹きつけます。

Word 017

あえて

- 成功者の多くが「言ってはいけないことを、<u>あえて</u>言ってしまう」理由
- 一流ビジネスマンの秘訣調査「<u>あえて</u>電話をしない」「ランチは1日2回食べる」

ふだんはしないことを無理に行う様子を表現するワードです。読者は「やる必要がないのに、どうして?」と疑問がわき、記事をクリックしたくなります。書くだけで雰囲気がガラッと変わるので、タイトルが何か物足りないときに重宝するスパイスとなります。

Word 018

瞬間

- 年上女性は要注意!　年下の彼氏がムッとする<u>瞬間</u>BEST5
- 「10台の車が一気に炎上……」トンネル事故、その<u>瞬間</u>

1秒よりも短い、きわめて短い時間の単位です。物事の様々なシチュエーションを集めた、観察日記のような記事にしましょう。感情を呼び起こすシチュエーションを具体的に書くことがポイントです。数字と組み合わせても使えるので、初心者にもおすすめのワードです。

Word 019

偶然

例

・いくつ知ってる？　ある<u>偶然</u>から生まれた定番商品・4選
・大災害の中、決死の出産。奇跡的に母子が助かった4つの<u>偶然</u>

必然でなく、思いがけず予測していなかったことが起さること。「何か不思議な力が働いているのか」と、ちょっとしたロマンや奇跡、感動をも感じさせる雰囲気です。数字と一緒に使うとバリエーションが広がるワードです。

Word 020

卒業

例

・寝坊グセを<u>卒業</u>！　目覚ましがなくてもスッキリ起きられる4つの習慣
・これで万年肩こりが<u>卒業</u>できる！　新発売のサプリがものすごい

学校を卒業するという意味だけでなく、「何かの習慣をやめる」という意味でよく使われます。読者がやめたいと思っている習慣を取り上げて、卒業までのサポートをしましょう。「シンプル」「簡単」などの言葉をあわせれば、読者の心理的なハードルが下がり、クリック率が上がります。

Word 021

脱○○

・<u>脱ビンボー</u>宣言!　誰でもカンタンに貯金ができる5つのコツ

・1年以内に<u>脱メタボ</u>!　毎日5分から始める痩せるウォーキング術

習慣などをスッパリやめるときに使う表現です。「卒業」よりも少し強めの印象を与えます。読者を研究して、彼らがやめたがっている物事を取り上げるといいでしょう。タイトルは凝った表現ではなく、ストレートに書くことで、読者の心にしっかり届きます。

Word 022

習慣

・スリムな人の共通点がわかった!　「もう一生太らない」4つの習慣

・脳科学が解明!　記憶力が10倍になるシンプルな習慣

生活の中でくり返し行われることを指します。読者が目標に近づくための習慣をアドバイスしましょう。読者の悩みが解決することや、メリットを端的に書くのがポイント。数字とも相性がいいので、初心者にも使いやすいワードです。

Word 023

速報

例

・【速報】日本を代表する実力派俳優が90歳で死去
・温泉速報! 今年家族で行くべき全国の温泉ランキング
　TOP100を発表

ニュースをいち早く発信することです。タイトルの最初に【速報】
と入れると、とても目立ちます。読者はいち早く情報を欲しがる
心理があるので、その気持ちに応えましょう。ジャンル名を入れて
「○○速報」とすると、わかりやすいタイトルになります。

Word 024

あるある

例

・初々しい! 「つき合いたてのカップル」あるあるBEST5
・「LINEがおかしい」「流行語で話が理解不能」上司が選ぶ
　社会人1年目の新人あるある

思わず共感したくなるようなエピソード記事におすすめです。とく
に、笑い話になるようなネタ記事はバズりやすい傾向があります。
タイトルには文字数が許す限り、内容を細かく書きましょう。数
字を入れたり、ランキングにしても楽しい記事が作れます。

Word 025

スゴい

例

・大事なプレゼンに使える!?　遅刻を許してもらった<u>スゴい</u>言い訳・4選
・このレストランが<u>スゴい</u>!　新進気鋭のシェフが腕を振るう名店TOP10

「とてもいい」という意味で使われる言葉です。具体的に何がすごいのかが少し曖昧なために、逆にインパクトが生まれ、読者は興味を引かれます。2つ目の例のように、「この○○がすごい」としてもウェブでは親和性があり、読者に広く受け入れられます。

Word 026

ハラスメント

例

・いつか加害者に?あなたの知らない「<u>新種のハラスメント</u>」まとめ
・ご注意!「パワ<u>ハラ</u>認定」される上司の4つの言動

嫌がらせや迷惑行為を意味する言葉です。性的嫌がらせの「セクシャル・ハラスメント(セクハラ)」に代表されるように、日本でもすっかり周知されており、現在も様々なハラスメントが生まれています。「○○ハラ」と略して使えば、高いPV数が期待できるテーマに変わります。

Word 027

神

例

・1位はあのブランド！　美容ライター99人が選んだ「神コスメ」ベスト10

・これは神!　仙台でバカ売れしたカレーパンがついに都内上陸

「スゴい」と同じく、「とてもいい」という意味でよく使われる言葉です。「神○○」のように名詞の前につけると、非常に優れているという意味に。さらにタイトルの冒頭で「これは神！」と叫べば、読者の注目が集まります。カジュアルな表現なので、政治経済やビジネス記事で使う場合は注意が必要です。

Word 028

プチ○○／ちょい

例

・旅初心者でもできる「週末プチ一人旅」のススメ

・子どもが喜ぶ!　めちゃウマ「ちょい足しレシピ」5選

どちらも「ちょっとした」という意味で使われるワードです。本格的ではないけれど、それっぽく、さりげなく、というニュアンスに。手軽そうな雰囲気になり、読者の心理的ハードルを下げることができます。キャッチーでトレンド感のある、使い勝手がいい表現です。

Word 029

ベストアンサー

- FPが徹底解説！　絶対もうかる「サラリーマン投資」のベストアンサーはこれ
- 「会社をやめたい」という悩みがすっきり解決するベストアンサー・4選

いくつか答えがある中で、「最もいい答え」と宣言できる言葉。ウェブでは定番の表現なので、読者にも親和性が高いです。これを読めば読者が求めている悩みが解決できると、タイトルでアピールしましょう。数字と組み合わせて使うのもおすすめです。

Word 030

炎上

- 番組降板も近い？　あの好感度バツグン芸人が炎上しているワケ
- 広報の人必見！　企業SNSの大炎上を避ける4つのルール

炎上とは、ネットにおいて、好ましくない事象にSNSで悪いコメントがたくさんつくこと。野次馬心理を刺激するからでしょうか、ウェブ読者は「炎上」に興味津々です。また、多くの企業が、自社が炎上しないように注意を払っているので、炎上を避けるために注意喚起を行う記事も人気があります。

Word ﾘ31

LINE

・好きな彼女をデートに誘おう！　女心をつかむ必勝LINE術

・コツをつかめば好印象！　今すぐマネすべき「ビジネス
LINE」4つのマナー

多くの人が利用しているコミュニケーションツール。若い世代ほど、LINE術を紹介する記事は反応がいいです。ビジネスやライフスタイルなどの多ジャンルで活用できますが、おもに恋愛記事との相性が抜群。タイトルでは、悩みが解決できることを伝えましょう。

Word ﾘ32

画像／動画

・【画像50枚】ワールドカップ中継で発見！　世界の美女サ
ポーターがすごすぎる

・30秒動画でしっかりマスター！　「ステイホーム中にできる
二の腕エクササイズ」

画像／動画を載せている記事は、タイトルで「画像・動画がありますよ」とストレートに伝えましょう。画像は多ければ多いほど見てもらえるので、タイトルで枚数のアピールを。また動画の場合は長さを入れましょう。時間が短いほど、気軽に見てもらえます。

爆誕

例

- 10代のニューリーダー爆誕! SNSでバズりまくってるあの子は誰?
- 不眠に悩む人類を救う! 「夢のアイテム」がついに爆誕

何かが新しく誕生したときに使われる、ネットで人気のワードです。爆発するように華々しく誕生したという雰囲気があります。新しい商品やサービス紹介にもうってつけです。カジュアルでくだけた表現なので、政治経済やビジネスの記事では注意して使いましょう。

バズる

例

- 1億人に読まれちゃう! 「バズる文章テクニック」4つのコツ
- 女子高生100人調査! 現在最もバズってるイケメン俳優ランキングTOP10

ネット上で口コミやSNSが話題になり、一気に情報が拡散されること。もとの語源は、英語のbuzz(ガヤガヤ騒ぐ)。本来の意味を超えて、「とてもいい」「話題になりそう」という意味で、若者の間で広く使われている流行語です。現在進行形の「バズってる」という表現もよく使われています。

Word 035

○○にもほどがある

例

・「失礼にもほどがある後輩」を上手に更生させるコツとは

・カワイイにもほどがある！　見始めると止まらない「癒やしの動物ムービー」20選

悪いことを取り上げて、「限度があるだろう」と半ば呆れたような気持ちを表現する言葉。悪い言葉と掛け合わせるのはもちろん、2つ目の例のように、いい印象を与える言葉と使うのもギャップが利いて目を引きます。タイトル冒頭に叫び声のように入れると、さらに読者の注目を集めます。

Word 036

リスク／危険

例

・知らなきゃ失敗する！　「学生起業」4つのリスク

・専門家が警鐘！　世界同時不況に陥る「危険な兆候」が見え始めた

なるべく損をしたくないのが、ウェブ読者の心理。とくに何か物事を始めようとするとき、リスクが潜んでいないかどうかを調べる人は多いです。専門家だからこそ伝えられる情報を発信したり、読者が気づいていない意外な落とし穴を記事で紹介しましょう。数字とも相性のいい言葉です。

○○ファースト

- 結婚したら私を最優先にして!「嫁ファースト」になる男性の特徴とは
- 新都知事が提唱する「都民ファースト」はどこまで信頼できるのか

ある物事を最優先で考えることです。一番大切にしたいこと、すべき言葉を入れましょう。近年、政治家なども使用しているキャッチーで旬な言葉で、読者との親和性も高いです。ウェブ記事を作るときも、常に"読者ファースト"で考えるのが大切です。

エグゼクティブ／セレブ／エリート

- ミシュラン3つ星! エグゼクティブに人気の寿司屋に行ってみた
- 海外セレブの美の秘訣!初心者におすすめのファスティングドリンク3選

贅沢な生活に憧れを抱く人は多いものです。これらの言葉は、華やかなライフスタイルを彷彿とさせます。2つ目の例のような女性向けの記事で、「海外セレブ」は注目されます。コスメやダイエットなどの美容情報は一定して高いPV数が確保できます。

Word 039

ママ

例

・子連れ<u>ママ</u>歓迎! ママ友とまったりできる都内カフェ10選
・2児の<u>ママ</u>必見! やきもちを妬かせずに平等に愛情を注ぐ
3つのコツ

子どもを育てている女性のこと。ママたちは、ネットでの情報収集を積極的に行っています。出産前のライフスタイルと変わらずに、輝き続けるママには注目が集まり、SNSでも多くのフォロワーを抱えています。「ママ必見!」と呼びかけるかたちにしても◎。

Word 040

一番○○

例

・日本で<u>一番涼しい</u>場所! 夏でも快適に過ごせる避暑地ランキング
・毒舌! でも真実! アラサーOLが「<u>一番ないわ〜</u>」と思ったデートプランとは

形容表現の前につけて程度を強める表現です。「一」という漢字は、そのシンプルな形から、タイトルに入れるととても目立ち、スパイスとなるワードです。タイトルは少し大げさに表現するのが、読者の注目を集めるコツです。

サステナブル

・これならラクに続けられる「サステナブル節約術」の極意
・「サステナブル恋愛」がうまい人、下手な人

「持続可能な」という意味の少し難解な表現ですが、世界規模の取り組みで、世間に周知されるようになった言葉。スケールの大きい言葉であるからこそ、身近な話題に掛け合わせましょう。意外なキャップが生まれて、印象に残るタイトルになります。

初心者

・初心者必見!　青春18きっぷをお得に活用する3つの鉄則
・初心者のために開発した料理道具が売れているワケ

初めて取り組む事柄に関して、「とりあえずネットで調べてみよう」と行動する人が世の中のほとんどを占めます。それだけに「初心者」という言葉には敏感です。ネットユーザーは、記事のタイトルを見て「自分のことだ」と感じた瞬間にクリックするのです。

初めて

・初めてでもできる!簡単シンプルなリモート会議実践マニュアル
・初めての子育てで「絶対にやってはいけない」4つのコト

こちらも初心者向けの記事におすすめです。初めて何かに取り組むときには、不安がつきもの。「安心」「簡単」など、ユーザーの不安を取り除くような言葉と一緒に使うことで、さらにアピールの威力が増します。

入門

・明日から始められる!　一番シンプルな海釣り入門テクニック
・一人でも大丈夫!　流行のソロキャンプ・入門編

何かをするのが初めての人に、ハウツーなどを提供する記事に合わせるとしっくりきます。趣味やたしなみなど、生活を豊かにする事柄にも合います。「入門編・応用編」というふうに、シリーズものにするのもおすすめです。

直ちに
^{ただ}

例

・大ピンチ!　トイレの逆流を<u>直ちに</u>解決する4つの方法
・趣味がない?　そんな人は「<u>直ちに</u>パンを焼きなさい」

スピード感を表現する言葉。「すぐに」という言葉よりも、少し堅い印象が加わります。深刻なトラブルを解決する記事と相性抜群。2つ目の例のように、堅さとのギャップを狙って、ライフスタイルなどのライトな記事に使うのもいいでしょう。

時短

例

・時間のないOLでも10倍キレイになれる<u>時短</u>メイクのコツ5つ
・ハーバードの学生も実践!　脳科学が証明した超<u>時短</u>暗記術

「時間短縮」の略語です。料理や掃除など、とくに家事に関する記事と相性がいい、定番のバズるワードになります。サクッと短時間で終わらせたい面倒なことを、素早く解決するテクニックを読者に向けて紹介しましょう。

Word 047

ズボラ

例

・ズボラな人でもOK!　寝る前に飲むだけ「ダイエットサプリ」 4選

・目指せ資産1億円!　一番シンプルな「ズボラ貯金」のルール

だらしない人を意味する「ズボラ」。決してズボラではなくても、誰もがラクして問題を解決したいという欲求を持っています。読む人の心理的ハードルを下げるとともに、「ズボラ」というユニークな語感とあいまって、読者の目を惹きつけやすいです。

Word 048

ほったらかし

例

・目指せ貯蓄1億円!　カンタンほったらかし家計簿の作り方

・ほったらかしでラクチン!　子どもの誕生日のお祝いレシピ 5選

「一度やったらそのまま放置。その後は手間がかかりません」といった、お手軽感をアピールできるワード。タイトルには面倒で手間がかかりそうな事柄を入れて、ギャップ作用で読者の注意を引きましょう。料理など、家事に関する記事とも合わせやすいです。

Word 049

誰でも○○できる

例

- ・誰でも上手に撮れる！　カメラマンが教えるスマホ撮影・7つ
  の極意
- ・誰でも、何度でも、タダ！　超太っ腹ノベルティグッズの正
  体とは

タイトルを見て「自分でもできそうだ」と思った瞬間に、読者は記事をクリックします。そんな心のハードルを下げるワードのひとつが「誰でも」。タイトルを見たすべての人を「ウェルカム！」と受け入れる気持ちでタイトルを作ってみましょう。

 Word 050

まとめ

例

- ・テレワーク作業が100倍捗る！　パソコン周辺機器まとめ
- ・死ぬまでに一度は行ってみたい！　「世界の絶景」をまとめ
  ました

気になった情報を気軽に調べたいときに活躍するのがネット記事です。多くの情報をまとめたページは、短時間で効率よく情報収集ができるので、ユーザーに人気です。「世の中に散らばる情報を、ここで一挙に見られますよ！」と、タイトルでアピールしましょう。

Word 051

パターン

 例

・片思いの彼をデートに誘う恋の必勝LINE・3パターン

・極める！　株式チャートの「勝ちパターン・負けパターン」

数字を組み合わせるとクリック率が上がるワード。複数の選択肢
があることを、その結果とともに提供する記事に使えます。カタ
カナでカジュアルな印象を持つワードなので、漢字ばかりで堅苦
しいタイトルの緩和剤としても一役買います。

Word 052

チェックリスト

例

・今週末の大型台風に備えて!一戸建ての防災対策チェック
リスト10

・【チェックリスト】クラスの人気者になれる人はこんな性格!

あるものの必要事項や旅行の持ち物、工作の材料など、幅広く
使えます。中身はハウツー記事でも、あえてタイトルに「チェック
リスト」として見せると、読者の興味をそそります。冒頭に隅つき
カッコに入れておくと、読者の目にも留まりやすくなります。

Word 053

◯◯術

・社会人1年目の人必見!　ビジネスにすぐ慣れる4つの<u>仕事術</u>

・初心者でもいいね!　とフォロワーが100倍になる「<u>超インスタ術</u>」BEST5

能力やスキルを指す言葉。ハウツーやライフハックの記事に使ってみましょう。あなたの記事テーマにそのままつけるだけで、専門的な雰囲気がタイトルに漂います。仕事術、子育て術から、ファッション術、インスタ術まで、幅広く使えるので便利です。

Word 054

手っ取り早く

・<u>手っ取り早く</u>資産を10倍にする裏ワザとは

・<u>手っ取り早く</u>ウマい酒を飲める最強おつまみレシピ4選

「手間がかからない」という意味のワードです。「手間や時間をかけずに、物事を済ませたい」というウェブユーザーの欲求にアプローチできます。難しいとされている事柄も「手っ取り早く」とうたい、ギャップを演出することでクリックしてもらいましょう。

メリット

例

・時代は変わった！　一生賃貸物件に住む<u>メリット</u>・4つ
・留学せずにあえて日本で英語を学ぶ5つの<u>メリット</u>

記事を読めば何か得をする、と読者に期待を持たせるワード。
数字とあわせて使いましょう。2つ目の例のように、一見メリット
のなさそうな事柄と「あえて」という言葉とともに紹介するのも小
ワザが利いていて◎。読者の好奇心を刺激できます。

共通点

例

・見えた！　成功する投資のたった1つの<u>共通点</u>
・好きなものを食べているのに痩せている人の4つの<u>共通点</u>

ある物事の共通点を分析する記事は、人気があります。そのと
き起こっている事象だけでなく、読者が理想とする人物像の共通
点の解説をしてもいいでしょう。ポジティブな内容だけでなく、
ネガティブな内容にも使える便利なワード。数字と組み合わせて
も使いやすいです。

Word 057

理由／ワケ

・仕事効率を変えずに「週休3日」を実現できた我が社の4つの<u>理由</u>
・一体なぜ？　安定を捨てて起業をする人が増えている<u>ワケ</u>

「なんでだろう？」と日頃から何気なく疑問に思っていたことをウェブの記事で見つけると、読者は読み進めたくなります。理由を単に解説するだけでなく、悩みを解決する記事にも有効なワードです。堅い印象の「理由」を、同じ意味の「ワケ」に書き換えればカジュアルな雰囲気になります。

Word 058

特徴

・どんな不況でも立ち上がる「根強いベンチャー企業」4つの<u>特徴</u>
・「かかわると面倒くさい」と思われる残念な人・5つの<u>特徴</u>

数字＋「○つの特徴」というタイトルは、ウェブでは定番。物事の特徴はもちろん、「〜な人の特徴」として人間の特徴を並べる記事も人気です。読者の理想像を分析したり、逆に「こうなるべきではない」という内容にして、注意を喚起する記事にするのもおすすめです。

Word 059

方法

例

・心理学者がアドバイスする「心を軽くする」たった1つの<u>方法</u>
・一生幸せになれちゃう!「理想の彼氏」を手に入れる4つの<u>方法</u>

初心者でも使いやすいワード。数字とあわせて「〇つの方法」とタイトルに入れましょう。数字は少なければ少ないほど読者にとってハードルが下がるので、クリックしてもらいやすくなります。悩みごとの解決や、実現したい物事を端的に書くのがポイントです。

Word 060

条件

例

・40代女性が転職して年収アップするための4つの<u>条件</u>
・冬でも太らずにダイエットを成功させる絶対<u>条件</u>とは?

物事が成立するために必要な項目のこと。ハウツー記事のタイトルに使いやすいです。数字と相性がよく、少ない数字ほど興味関心を引きつけます。読者の達成したい目標や、なりたい人物像をわかりやすくストレートに書きましょう。「絶対」をつけるとさらに強い言葉になります。

Word 061

基本

・料理初心者がまず買うべき「基本の調味料」まとめ
・プロが教える!「格安旅行」を徹底的に楽しむ4つの基本

何かを始めるとき、まずは基本が知りたいと思う人は多いもの。難しいと思われている内容でも、「基本」という言葉で読者の心理的ハードルを下げましょう。タイトルに「専門家が教える」と入れると、さらに記事の説得力を高めることができます。

Word 062

トリビア

・熱帯夜でもぐっすり眠れる!「睡眠トリビア」20選+α
・【トリビア】スズムシやコオロギの耳は「足」にある

思わず「へぇ」と言いたくなる小さな雑学。かつて『トリビアの泉』というテレビ番組が人気を博し、「トリビア」という言葉が市民権を得るようになりました。数字と組み合わせるのもおすすめです。数字が大きければ大きいほど、読者の興味関心を集めます。タイトルに、トリビアとなる内容をそのまま書くのも、読者を楽しませるワザの一つです。

Word ()()()

○○の日

・もうすぐ「父の日」!子育てパパに人気のプレゼントBEST5
・【8月2日はパンツの日】日本人は昭和初期までノーバン
　だったって本当?

歴史的な意味を持つ記念日からゴロ合わせまで、毎日「○○の
日」が設定されています。「へぇ、そうなんだ」と読者の知的好
奇心をくすぐり、注目度の高い記事になります。記念日の一覧を
まとめているサイトもあるので、ぜひ活用しましょう。

Word ()()()

誰にも教えたくない

・誰にも教えたくない!　グルメ芸能人が通う珠玉の寿司屋
　10選
・美魔女が「誰にも教えたくない」と独占する超若返りコスメ

「誰にも教えたくない」と言われると、秘密にしたいほど貴重な情
報が書いてあると思いますよね。それだけ読者にお得感を想像さ
せ、好奇心をかき立てるワードです。情報元もタイトルに書くこ
とで、リアリティも説得力もグンと増します。

付録 【極秘】これを使えばPV激増!「バズる単語」136

天才

- 世界のロックファンが選出! 天才ギタリストランキング TOP10
- 東大ママが暴露「天才キッズをつくる子育て」とは

生まれながらにして、極めてすぐれた能力を持っている人のこと。この言葉に、読者は憧れます。「天才が教える」というハウツーはもちろん、「天才に育てる方法」も、子育て記事としては人気です。「非常によい」という意味で、「天才的な」という使い方もできます。

コスパ

- まさにお値段以上! コスパ最強の格安スマホBEST9
- 「コスパの高い結婚がしたい」辛口アラサー婚活女子の残念な末路

コストパフォーマンスの略です。払った料金に対してそれ以上の価値を得られることを「コスパが高い」と言います。「少しでも得をしたい!」と思う読者にとっては、非常に響くワードです。商品やサービスを紹介する記事にぜひ使ってみてください。

○○すぎる

例

・生きてるうちに一度は見たい!「美しすぎる世界の絶景」
50選

・安すぎる! 高級「筋トレサプリ」が1セット500円で限定
セール中

形容詞などはそのまま使うのでなく、ヒネリを加えてみましょう。
「〜すぎる」という強調の言葉をつければ、タイトルの印象をより
強めることができます。2つ目の例のように、タイトルの冒頭で
「○○すぎる!」と叫ぶのも効果的です。

注目

例

・注目! 全く新しいVR技術で主婦の家事が驚くほどラクに
なる

・プロの投資家が注目! アフターコロナに高騰する株式銘
柄リスト

記事に注目してほしいときは、ストレートに「注目!」とタイトル
で叫んでしまいましょう。ニュースやトレンド、新しいものが誕生
したときの記事と相性がいいです。また「専門家が注目」という
ふうにすれば、記事の内容をさらにアピールすることができます。

Word 069

狙い目

・国立大学の受験は「過去30年で今が最も<u>狙い目</u>」その理由とは?
・ここが<u>狙い目</u>! 人が少ない温泉施設の穴場スポット～2021冬編～

「注目」と似たような言葉。一般の人が気づく前に、今のうちに買っておこうと狙いをつける「青田買い」のニュアンスを出すことができます。最新情報やトレンドに敏感な人や、他の人とは違った個性を出したい、という思いを持つ人に響くワードです。

Word 070

○○な人必見!

・<u>朝が苦手な人必見</u>! 朝すっきり起きられる人の絶対的な共通点3つ
・<u>「ラクして金が稼げたらなぁ」と思う人必見</u>! 不労所得を得る4つの方法

読んでほしいターゲットに、直接話しかけるようにアピール。ターゲットが明確なほど、読者に刺さりやすくなります。年齢、性別、職業などの属性を書いたり、彼らの気持ちをそのままカギカッコに入れてタイトルに書きましょう。

Word 071

知らなきゃ損

- ・知らなきゃ損! 高級ブランドを半額以下で買える方法とは
- ・生活が超快適に! 「知らなきゃ損」な最新便利グッズ10選

ウェブの読者には、得したいのはもちろんですが、それ以上に、絶対に損したくないという気持ちがあります。それだけに「知らなきゃ損」という言葉を聞くと、つい話を聞きたくなります。お金に関するテーマはもちろん、商品のPRやハウツー記事など、あらゆる記事に適用できるワードです。

Word 072

ここだけ

- ・有名作家から学べるのはここだけ! 「現代文学セミナー」に10名様ご招待
- ・日本でここだけ! いろんな動物が温泉に入る風景が見られる場所とは

場所を限定するワードです。その場所でしか体験できないこと、買えないものがあると聞くと、つい気になってしまいます。商品PRや、イベント・セミナーの告知記事に使えば、ターゲットの興味を集めることができます。旅行やレジャー系の記事とも相性抜群です。

付録 【極秘】これを使えばPV激増! 「バズる単語136」

277

レア

例 ────────────

・10年後のオークションで価値が100倍になっている昭和の
　レアなおもちゃ4選
・超レア！　見逃すな！　めったに顔を出さないアノ人気声優
　のインタビューに成功

珍しく貴重なものに弱いのが、人間の心理。「レア」と聞くと、
魅力があふれるアイテムに感じて、好奇心を刺激されます。価
値の高い限定品や、なかなか行けない場所、見られないものを
紹介する記事に。イベントの告知文にも使える言葉です。

プレミア

例 ────────────

・一体いくら？　「人気女優の直筆サイン入り写真」プレミア
　価格がスゴい
・これぞプレミア級の味！　コンビニで買える高級レストラン
　のレトルト食品・5選

とても価値が高くて、貴重なものを表す言葉。「プレミア付き」
「プレミア級」など、豊富なバリエーションで使用可能です。カタ
カナなので、モダンで都会的なイメージを出すことができます。

限定

例

・行列必至!?　人気ショップの100個限定アイテムをゲット
する3つの極意

・結婚したい20代女性限定!　成婚率が高い婚活パーティー
を開催

人は「限定」という情報に弱く、タイトルで見つけると興味を引
かれます。「限定品」や「期間限定」「ネット限定」など、様々な
言葉につけて使用しましょう。「20代男性限定」「銀行員限定」
など属性とあわせれば、ターゲットに直接アプローチできます。

今

例

・お得なのは今だけ!　人気アイテムが驚きの90%OFFセー
ルを限定開催

・「今、後継者たちに、伝えたいこと」経営の神様からのラス
トメッセージ

「今」という言葉を使うと、レアなニュアンスが加わり、読者が惹
かれやすくなります。「今だけ」とすれば、読者の焦りを引き出せ
ます。宣伝広告と相性がいいでしょう。季節的に「今」がベスト
タイミングな、旅行などの記事にもぴったりです。

Word 077

ランキング

- 東京の女子高生に聞いた「人気の飲み物ランキング」
  2021年上半期
- 観光客531人が暴露！　行ってがっかりした観光地ランキングTOP5

ランキングはウェブでも人気のジャンル。真面目でお堅い記事からふざけたお笑い記事まで、これまでにたくさんの人気記事が誕生しています。「○○に聞いた」などの調査先を書くと、リアリティーが増して注目度UP。調査人数を書けば、さらに効果的です。

Word 078

No.1

- 旅のプロ注目度No.1!　これから観光客が殺到しそうな北海道のスポット10選
- 女子高生に人気!　最もダウンロードされたNo.1アプリ

手っ取り早く情報が欲しい読者は、結局のところ「何が一番いいのか？」に関心があります。「No.1」というアルファベット＋数字の表記はタイトルの中でもよく目立ち、読者の目につきやすいです。

Word 079

○○.○%（小数点第1位まで必ず書く）

例

- ・デジタルネイティブなら当たり前!?　「小学生のスマホ所持率」は<u>40.5%</u>
- ・社内不倫をしたことがある人は<u>75.8%</u>!　高すぎるこの数値を専門家が解説

調査記事のタイトルによく使われる%の表記。183ページでも書きましたが、数字は必ず小数点第1位まで入れましょう。70%であっても、70.0%と書くのがベスト。データの細かさを想像させて、読者の好奇心を刺激できます。数字は目立つので、他の記事タイトルに埋もれてしまうことがありません。

Word 080

多数

例

- ・「嫁姑関係にストレスを抱えている人は<u>多数</u>」の裏事情
- ・【朝食大調査】目玉焼きに醤油をかける人が<u>多数</u>?　ソース派の意見は

人や物の数が多いこと。おもに調査記事のタイトルに使ってみましょう。読者は「自分が思っていたことと同じだ」と共感すれば記事を読みたくなり、逆に意見が違っても、「なぜそう思うのか?」という疑問を持ち、タイトルをクリックしやすくなります。

付録　【極秘】これを使えばPV激増!「バズる単語136」

平均

例

・実名で発表!「平均年収が高い銀行ランキング」TOP100

・【JD100人調査】大学生同士のカップル、デートは週に何回が平均的?

日本人は他国と比べて協調性が強いと言われ、「他の人はどうなんだろう?」と疑問に思うことも多いと言われます。物事の「平均」も人々が気になる要素の一つでしょう。平均年齢・身長・年収など、人のプロフィールに関することは、ウェブの読者が反応しやすいテーマです。

○○の時代到来

例

・テレワーク時代の到来! 1年後に消滅するオフィス4つの条件

・電子マネーの時代到来! これからはどう節約していくか

新しい生活習慣や、新しく開発されたテクノロジーやトレンドを紹介する記事におすすめ。従来の方法に比べて画期的な方法が登場した、という明るいニュアンスが加わります。新しい時代に合わせたライフスタイルを紹介する記事には、人気が集まります。

時代遅れの

例

・「時代遅れの価値観」を押しつけてくるウンザリ上司あるある4選

・ダサすぎる！　時代遅れの髪型ワースト9

新しい時代が来ると同時に、時代に取り残されていくものも出てきます。読者の中には「時代の流れに置いていかれたくない」という人も多いはず。そんな"新しもの好き"の人の心理をグイグイと刺激してくれるワードです。

○○から△年

例

・リーマンショックから10年！　コロナ不況との経済損失を比較してみた

・衝撃のデビューから20年！　記者だけが知っている伝説のアイドルの末路

ある大きな出来事からの年数を数える手法です。たとえば経済記事では、2008年のリーマンショックや2011年の東日本大震災が一つの大きな区切りとなっていますが、2020年のコロナショックも加わることになるでしょう。大きな事件や災害はもちろん、商品や人物が登場した年を入れても◎。

Word 085

◯◯は今

・【ルポ】真っ黒の顔で渋谷を闊歩した「ヤマンバギャル」は今
・今もまだある？　使える？　驚くべき進化を遂げたアノ電化
製品は今

一世を風靡した人物やものは、今どうなっているのか気になるものです。読者は、新しいトレンド情報に敏感なのはもちろん、懐かしい気持ちに浸るのが好きです。ターゲット層が生きてきた時代を研究して、どんなものに懐かしさを抱くのかを探りましょう。

Word 086

◯◯はもう古い！

・ノートパソコンはもう古い！　デキるビジネスマン必携のデ
バイス5選
・タピオカはもう古い！　原宿の女子高生99人に聞いた「最
新トレンド」TOP10

タイトルの冒頭に叫び声のように書くと、読者に大きなインパクトを与えることができます。読者が愛用するものに警鐘を鳴らし、代替となる新しいトレンドを紹介する記事にぴったりです。とくに、ライフハックやテクノロジー、ファッション系の記事と合うでしょう。

Word

トレンド

例

・これが最先端トレンド!　今年絶対に流行る冬のコートはこれだ

・海外からの輸入が肝!　乳製品マーケットのトレンド考察（2020-2025年版）

物事の流行や動向を表すワード。ウェブの読者は最新情報や流行に敏感です。「この記事には最新トレンドが載っている」とストレートにアピールすることで、読者の興味を喚起しましょう。国内だけでなく、海外のトレンドに関する記事も人気が高いです。

Word

○年ぶり

例

・15年ぶりに復活!　ルーズソックスをはく女子高生が増えているワケ

・5億年ぶりに日本で発掘された「スゴい化石」の驚くべき正体とは

経過した年数を示して、再びその出来事が起こることを表すもの。数字は大きいほどインパクトがあります。数字は「約20年ぶり」と略さずに「21年ぶり」というふうに正確に書くと、リアリティが増します。読者が懐かしく思うテーマを取り上げると◎。

Word 089

前代未聞

・直径2メートル！「前代未聞の特大ピザ」をプロが作って
みた結果

・前代未聞！　これまでにない超異色のIT大臣が誕生した背
景

今まで聞いたことのない出来事を表す言葉です。「前代未聞！」
とそのままタイトルの頭につけるのもいいですし、「前代未聞の○
○」というかたちで使用するのもいいでしょう。書き手である自分
が驚いたことは、しっかり読者に伝えてください。

Word 090

アラ○○

・全国アラサーOL1万人調査！「ぶっちゃけ、あなたの貯金
額はいくらですか？」

・若い頃よりモテモテ？　アラ古希は病院通いで出会いを見
つける

人の年代を表すトレンドワードです。「アラサー」はアラウンド30
（サーティー）の略で30歳前後を意味します。同様に40歳前後は
「アラフォー」、50歳前後は「アラフィフ」、60歳前後は「アラ
還」、70歳前後は「アラ古希」と呼ぶことも。

年収○○○万

・【本音調査】年収100万のイケメンVS年収1500万のブチャイク、結婚するならどっち?

・浪費生活が明らかに!「年収1000万の女たち」リアル座談会

ウェブの読者は「年収」という言葉にとても敏感です。「あの人いくら稼いでいるんだろう」と疑問に思っても、実際には聞きにくいため、ネットで調べる人はたくさんいます。とくに恋愛や結婚絡みの記事に使うと、大きなPV数が期待できます。

本当

・あなたが結婚できない本当に深刻な理由・3つ

・2位は早稲田、1位は…?「本当に就職に強い大学」ランキングTOP5

タイトルを見て「いまひとつインパクトが足りないな」と思ったときに便利なワードです。仕上げのスパイスのように味をビシッと決める「味つけワード」として活躍します。筆者の気持ちの高ぶりを表現したり、読み手の感情に訴えたりする、印象の強いタイトルに仕上げましょう。

マジ

・<u>マジ</u>で家事がラクになる!家族が喜ぶ超時短レシピ・7選

・元総理大臣が激白「<u>マジ</u>でもう終わりだと思った瞬間」

「本当に」という意味の口語。書き言葉で書かれるタイトルの中に、話し言葉である「マジ」が出てくるとインパクトは絶大です。カジュアルな語り口に、読者は親近感を抱きます。あえて堅い内容の記事に合わせて、ギャップ効果を狙うのもいいでしょう。

ガチ

・夢を叶えて<u>ガチ</u>の大金持ちになった人に「共通する黄金習慣」があった!

・知らなきゃ大損!　病気で働けなくなったときに<u>ガチ</u>でもらえる6つのお金

「マジ」と同じように、「本当」を意味する口語。かなりくだけた表現で、タイトル中にあるとギャップが利いて目立ちます。若者の間で広く使われ始めたのが最近なので、年配者向けの記事に使うと、意味をうまく理解されない恐れがあります。使用するときは十分注意しましょう。

Word 095

超

例

・真夏でも<u>超</u>ぐっすり眠れる!　最強のひんやり寝具10選
・1日でバズる記事が書けるようになる「<u>超</u>ウェブライティング術」セミナーを開催!

程度がはなはだしいことを表現する若者言葉。いまひとつ物足りないタイトルに入れると、インパクトが出るワードです。形容表現の前に入れるのはもちろん、2つ目の例のように、名詞の前に入れて意味を強める表現方法もあります。

Word 096

本物

例

・高級ブランドバッグ、<u>本物</u>と偽物を見分ける5つの方法
・カリスマ教育者「時には生徒に厳しい言葉をかけられる人こそ『<u>本物</u>の教師』だ!」

「偽物でない」という意味ですが、それに加えて、本格的、一流、クオリティの高さを想像させるワードです。モノ選びにこだわりを持ちたい人に響くタイトルが作れます。また2つ目の例のように、読者の理想の姿へ導く記事とも合うでしょう。

本音

例
・「ふだんは取材拒否なんですが…」転売をくり返す人々の<u>本音</u>
・【人事部の<u>本音</u>】こんな学生はウチの会社にいりません!

表には出さない、胸の内にある気持ちのことを指します。なかなかリアルでは聞けない声だけに、ネットの記事にすると注目が集まります。とくに日本人は、ふだんは本音を隠しがちです。「本音」という2文字がタイトルにあるだけで、魔法にかかったように視線が吸い寄せられます。

深層心理

例
・リンゴのお絵かきで<u>深層心理</u>が丸わかり! 心理テストアプリが人気
・【<u>深層心理</u>】LINEを返さない男がわかる「たった1つの質問」

人が無意識にやっている行動を心理学的に解釈する記事に。診断テストとあわせても読者を楽しんでもらえます。何気なくやっていたのに、「心理的にこんな意味があった!」という驚きは新鮮。お堅いテーマでも、カジュアルな雰囲気を出すことが可能です。

Word 099

証言

- 有名弁護士が告発！　クライアントの大企業で受けた壮絶なパワハラ証言
- 東欧の村人が証言！　フェイクニュース量産でボロ儲けする若者たち

事実であることを証明すること。暴露記事のように、読者をドキッとさせるタイトルを作ることができます。証言する人の年齢や性別、職業などを詳細に書いてみましょう。リアリティと信憑性が高まり、読者の好奇心を刺激することができますよ。

Word 100

○○と判明

- プロの投資家は世界的な不況でも「特別に売りもしない買いもしない」と判明
- あなたを健康に導くと判明！「緑茶」が秘めるパワーがすごい

調査や研究結果を書くときにおすすめです。タイトルでは「判明したこととは？」と内容を隠すものではなく、結果をはっきり書くというテクニックもあります。内容に意外性や驚きがあるほど、読者はさらに好奇心を刺激され、記事の続きを読みたくなって、クリックしてくれるでしょう。

付録　【極秘】これを使えばPV激増！「バズる単語136」

291

Word 101

明らかに!

例

・史上最強のニューアイドルの全貌が明らかに!　キーワード
は「eスポーツ」だ
・人気の専門家が暴露「家を買ってはいけない理由」が今明
らかに!

調査結果の記事に最適なワードです。勢いがあり、少しあおり
を入れたような雰囲気が出て、カジュアルな記事とも相性抜群で
す。読者が謎に思ってきた疑問を解明したり、新しく発掘された
ニュース性のある情報で、読者の知的好奇心を満たしましょう。

Word 102

○○が教える／○○が解説

例

・現役女子大生FPが教える「日本人が誰よりも貯金上手な
理由」4つ
・弁護士が解説!不倫がバレたときの慰謝料を少しでも安く
する方法

ウェブの記事は「誰が書いているか」を重要視します。「その内
容に詳しい人が書いています」とアピールすれば信憑性が高まり、
読者は安心感をもって記事を読んでくれます。

Word 103

プロがこっそりやっている

- ここまで安くなる！　旅行の<u>プロがこっそりやっている</u>裏ワザ
- 誰にも教えたくない！　<u>プロがこっそり買っている</u>投資信託

その道のプロが秘密裏に行うことを紹介する記事に使います。世間ではあまり知られていない情報は、読者は「きっと得することがあるはずだ！」と期待して、記事を読みたくなります。「○○のプロ」と具体的なジャンルを書けば、より現実味が増すでしょう。

Word 104

○○の達人

- <u>100円ショップの達人</u>が厳選！　デスクの収納がはかどるグッズ20選
- ステイホームで注目！　<u>お取り寄せの達人</u>が教える「本当にウマいもの」ランキング

長年の経験を積んでその道を極めた人のこと。何かを上達させたいと思ったときは、達人からのアドバイスが欲しくなりますよね。タイトルに「達人」というワードを入れれば、詳しい人が解説している記事だとアピールできます。ハウツー記事と最も合います。

モテる

例

・2位は清潔感、1位は？ モテる男性が心がけていることランキング

・ねぇ、待って! 「モテる女性」と「モテない女性」の決定的な違いはコレです

恋愛記事は一定の人気があります。中でも鉄板のテーマが、「モテる」方法です。ハウツーはもちろん、逆に「モテない言動」に関する記事も読まれています。「モテる」だけでなく、非常にモテることを「モテモテ」、モテるためのテクニック「モテテク」と表現してもいいでしょう。

色気

例

・女性が無意識に引き寄せられる「色気ムンムン男」 4つの条件

・【画像20枚】色気のある世界の名建築を厳選してみた

異性を惹きつける性的な魅力である「色気」。色気を扱う記事は人気があり、とくに恋愛記事とは相性抜群です。また、ビジネスやあえて他のジャンルと掛け合わせてみるのも◎。新しいトレンドを切り拓く、とてもポテンシャルの高いワードでもあります。

◯◯度

> 例
>
> ・こんなに簡単なんです！　自社商品の認知度を100倍にする4つの方法
> ・顔の形を生かせる「美人度UPメイク」5つのステップ

人気度、認知度、激ヤバ度など、様々な言葉を組み合わせて使える言葉です。他にも、あなたのクリエイティビティを発揮して考えてみましょう。おもにライフスタイルの記事で、個人のスキルやレベルを上げる内容に最適です。実現するのは簡単であることを匂わせて、読者にクリックしてもらいましょう。

◯◯女子／△△男子

> 例
>
> ・ズボラ女子必見! 飲むだけでダイエットが成功するサプリ3選
> ・まったく新しい価値観を持つ「令和ニューノーマル男子」とは？

特徴的な若い男性・女性をグルーピングする表現です。「草食男子」「肉食女子」を皮切りに、日々たくさんの言葉が生まれています。使用することで、キャッチーなトレンド感を演出することができます。とくに、新しい価値観を持つ男女について紹介するときは、ピッタリの表現でしょう。

推し

- 台湾俳優100人勢ぞろい！　あなただけの「推し」を見つけよう
- イグアナ同居歴5年「爬虫類推しの25歳OL」にいろいろ聞いてみた

ここ最近、応援している人や対象のことを「推し（おし）」と言うようになりました。「推し」には、「たくさんある中から、自分が好きなのはこれ」という思いが込められています。対象物とあわせて「○○推し」として使用するのもいいですし、「推す」という動詞として使用してもOKです。

○○ロス

- 「ペットロス」から立ち直ったきっかけ4選
- 絶頂で引退！「鈴木ロス」の人々が増えている!?

何かを喪失（ロス）した後、寂しい気持ちや虚脱感を表すワードです。ペットが死んだ後、寂しい気持ちになる「ペットロス」など、一般に周知されている言葉もあります。また大規模イベントや人気のドラマが終了したときや、芸能人が結婚したときなどにも用いられます。

勝ち組

例

- ・意外とシンプル！　人生の勝ち組たちの7つの習慣
- ・闇が深い！　「年商10億円の勝ち組」から転落した女社長
  の末路

仕事で成功したり、お金持ちであるなど、いい人生を送っている人たちを指す言葉。ビジネスや金融系の記事と相性がよく、「どうすれば勝ち組になれるのか」というハウツー記事も人気です。2つ目のように「負け要素」を含むと、その意外性から、注目度は上がります。

負け犬

例

- ・どんな人でも「負け犬」にならずにすむ人生の教訓7つ
- ・絶句。絶望。絶叫。最底辺の「負け犬人生」に密着してみ
  た

敗北した人のこと。「負け組」という言葉もありますが、「負け犬」のほうがより惨めさが漂い、インパクトが大きいです。「負け犬」の生活を追いかけたルポや、「負け犬」にならないための方法、注意喚起の記事が、読者の好奇心を刺激します。

○○活

例

・泣いて泣いて後はスッキリ！　話題の「涙活」を試してみた
・女子大生1023人に聞きました！　就活で人気の業種ランキング2021年版

「就活」「婚活」など、何かの活動をすることをキャッチーにしたネーミング。読者に新しいライフスタイルやトレンドを提案したいときは、「○○活」と名づけてみましょう。常に新しい変化を求める流行感度の高い女性と親和性が高く、好反応を得られます。

手本

例

・人気アイドルが伝授！　誰でも男性に1秒で好かれる笑顔のお手本
・日本人が手本にすべき「台湾の生活様式」5つのポイント

物事を上達させるために習うべき人や物のこと。何かがうまくできずに悩む読者に対してアドバイスするハウツー記事にピッタリです。「簡単」「シンプル」「誰でも」といった言葉を使えば、読者の心理的ハードルが下がり、クリックが増えます。

Word 115

やってはいけない

- やってはいけない! 意外と知らない「お葬式でのマナー違反」4つの事例
- 独身女性に言ってはいけない「残酷な言葉」TOP5

注意喚起や何かを禁止する記事を作るときは、少し強めのタイトルで印象づけましょう。冒頭で「やってはいけない!」とはっきり言われると、「何事だ」と、気持ちがついそちらに向いてしまいます。本文にはダメ出しだけでなく、必ずフォローを入れるのが大切です。

Word 116

NG

- 部下全員に嫌われる「NGな部長」4つの言動
- 初心者は必読! 素人がうっかりやりがちな投資のNG・4つ

読者の理想像や目標に近づくための禁止事項を紹介する記事に使います。ビジネスからライフスタイルまで、様々なジャンルの記事に使える便利なワードです。アルファベット2文字は目立つので、一瞬で読者の注目を集めやすくなるメリットもあります。

逆効果

例

- コーヒーは眠気覚ましの逆効果である確かな根拠
- エリートを目指すとき「勉強のしすぎは逆効果」になるのは
  なぜか

期待していたこととは逆で、悪い結果に陥ってしまうこと。読者
がよかれと思ってやっていそうなことと結びつけると、「あるある」
という思いからクリック率が高まります。注意喚起をした後は、
ではどうすればいいのか、フォローすることもお忘れなく。

失敗

例

- 世界を揺るがした大規模な実験の失敗・4パターン
- だし汁の配分が肝!　茶碗蒸しを失敗せずおいしく作る4つ
  の鉄則

成功の反対語で、目的を果たせないこと。読者は「なるべくなら
失敗したくない」という心理を持っています。失敗を避けるため
のアドバイスや、すでに失敗した事例を分析する記事は読者の
役に立ちます。数字とも組み合わせやすい、ジャンルを問わない
万能なワードです。

Word 119

デメリット

例
- ・ここが落とし穴！　「テレワーク」のデメリット・まとめ
- ・就活生必見！　大手企業で働くとことの意外な4つのデメリット
- ・【まとめ】永久脱毛のメリットとデメリット・8つ

「得したいけど、損はしたくない！」と読者は強く思っています。読者にとってよい情報だけでなく、悪い情報を発信していくことは、サイトの信頼度が高まるきっかけになります。「デメリット」は数字とも相性がよく、初心者でも使いやすいワードです。

Word 120

やりがち

例
- ・「ガチで老けて見える……」アラサーがやりがちな冬のNGヘア4つ
- ・思わず失笑！　ニセ意識高い系の人がやりがちな仕事あるある

ついやってしまう習慣のこと。「悪い結果になるのでやめましょう」と、読者に注意喚起する記事にぴったりのワードです。タイトルを読んで読者が共感すれば、クリック率は高まります。また2つ目の例のように「あるあるネタ」とも合うでしょう。

嘘／ウソ

・新型コロナで暴かれた世界経済の「4つの嘘」
・ウソでしょ!?　死んだと思われていたあの偉人、実は生きていた

人々は物事の「ウソ」を見抜くことに敏感です。本当だと信じていたことが「嘘」であるとき、人は好奇心をかき立てられます。深刻さを出したい場合は漢字で「嘘」と、カジュアルな雰囲気を演出したい場合は、カタカナで「ウソ」と書きましょう。

残念な

・友人が暴露!　イケメン俳優の意外すぎる「残念な日常」
・2位はマーライオン、1位は?　「世界の残念な有名観光地ランキング」

悔しい感情を表すワードですが、ウェブ記事ではよく「悪い」という意味で使われます。「悪い」と断罪せずに「残念な」とすると、ちょっとした愛情がこもったユーモアな印象になります。「期待していたのに、それほどでもなかった」という意味で使ってみてもおもしろいです。

Word 123

ヤバい

・発表とは真逆だった！ 大臣が突然辞任した「ヤバい裏事情」
・「かっこよすぎてヤバい！」イケメンYouTuberランキングTOP5

悪いことを表す俗語。本来は話し言葉なので、タイトルのような書き言葉にすると、読者はつい反応します。「悪い」と書くよりもカジュアルで、少し親しみやすい印象になります。最近では2つ目の例のように、「最高によい」という意味でも使われます。

Word 124

批判

・【ニュース解説】新政府の方針に対する4つの強烈な批判
・人気俳優の薬物逮捕で各業界から批判が集中

誤っている点、よくない点を指摘すること。読者は自分が批判されることを避けたいため、このワードに敏感です。数字と組み合わせても使いやすいでしょう。読者の気持ちを代弁するように悪事を取り上げると、共感が生まれてクリックしてもらいやすくなります。

Word 125

最悪

- 最悪!　妻に浮気がバレたタイミングBEST5
- 犯罪率が「最悪のペース」で増えている4つのワケ

最も悪いことを意味するワードです。勢いが強く、大きなインパクトを放ちます。注意を喚起する記事としてタイトルに入れると、読者に危機感を抱かせることができます。また、読者の気持ちを代弁するように、冒頭で「最悪!」と叫んでも、キャッチーなタイトルになります。

Word 126

不倫

- 的中率90%!　人気の占い師が「不倫の悩み」解消法を教えます
- 「芸能界不倫カップル」はナゼあとを絶たないのか

既婚の男女がパートナー以外と関係を持つことですが、近年、有名人の不倫ゴシップが大きな話題をさらっています。瞬間風速的に、記事に取り上げれば多くのPV数が期待できます。また、不倫に悩んでいる当人は、人に相談しづらいだけに、ウェブの記事を頼りに検索することも多いです。

Word 127

修羅場

- ・ヤバすぎる！　日本で起きた「嫁VS姑の修羅場」エピソード4選
- ・知っておいて損はナシ!　修羅場を乗り切る4つのテク

激しい戦いが行われている場面のこと。おもに男女関係の記事でよく使われます。字面（じづら）のインパクトも大きいので、読者の注目を集めやすいという特徴があります。エピソードを紹介する記事はもちろん、修羅場を回避するアドバイスをしても、読者からよい反応が得られるでしょう。

Word 128

格差

- ・30代男性「年収格差」が拡大している深刻な理由
- ・備えよ!　5Gの台頭で本格的な「情報格差」がやってくる

同じものを比べたときの差を表す言葉です。経済格差、教育格差、健康格差など、昨今では様々な格差が話題になり、読者も敏感になっています。おもに経済ニュースと親和性の高いワードです。読者が「これは自分だ」と当事者意識を持てば、必ずクリックしてくれるでしょう。

Word 129

中毒

- 日本でも問題が深刻化!「薬物中毒」を治す施設に行ってみた
- 見た目が一番!「イケメン中毒」なOLたちの座談会

ある物事が好きすぎて、感覚などが麻痺してしまうことを指します。ギャンブル中毒、薬物中毒など、社会的に問題視されているものは、読者の関心も高いです。悪いことはもちろん、いい意味でハマっていることを描写するときも◎。トレンドを紹介する記事に使ってみましょう。

Word 130

バカ

- 20歳過ぎても一緒に寝る?「ちょっと困った親バカ」エピソード4選
- 辛口アラサーOLが徹底討論!「夢を追い続ける男はバカなのか?」

人を罵倒するときの表現ではありますが、タイトルにあると、つい目が向いてしまいます。批判的な意味を込めて使ったり、愛情を込めて「おバカ」という言葉を使うのもおすすめ。「親バカ」「釣りバカ」など、あることを溺愛している人という意味でも使えます。

Word 131

末路

・プールつきの豪邸を10億円で購入したサラリーマンの<u>末路</u>
・「楽器不可物件」で電子ピアノを引き続けた女性の<u>末路</u>

人生の終わりや物事の衰えるさまを表す、インパクトの強い言葉。
隆盛を極めた人物の転落エピソードはもちろん、かつて流行して
いた物事が時代遅れとなった様子を伝える記事にも最適です。
「どうなったの?」という読者の知的好奇心に応えましょう。

Word 132

人には言えない

・テレビでは笑っているけど本当は…女優たちの「<u>人には言</u>
<u>えない</u>」本音座談会
・「実は私、昼間はこんなことしています」<u>人には言えない</u>主
婦の裏稼業・4つ

人には秘密にしておきたいこと、知られたくないことをコッソリ教
える記事に使える言葉です。ミステリアスな雰囲気につられて、
読者はついつい気になってしまいます。大声で言うのが憚(はばか)られる
暴露記事など、読者の好奇心をうまく刺激して、記事をクリック
してもらいましょう。

Word 133

地獄

・地獄の連鎖倒産が始まる…コロナの影響をモロに受ける8業種

・首が回らない「借金地獄」からいともカンタンに抜け出す方法とは?

ハマったら抜け出せない絶望的な雰囲気を醸し出す言葉。ネガティブな要素を扱う記事のタイトルに入れると、大きなインパクトを演出することができます。1つ目の例のように「地獄の○○」という使い方や、2つ目の例のように「○○地獄」という使い方も可能です。

Word 134

日本人の○○離れ

・「日本人のテレビ離れ」が加速する4つの理由

・朝食はパン派「日本人のお米離れ」がもたらす日本経済への影響

日本人が離れつつある習慣を紹介する記事に使えます。共感できる人は「そうなんだよ」という気持ちが起こり、共感できない人は「なぜ?」という驚きの気持ちからクリックしてくれます。応用して、「若者の○○離れ」としても使えます。

Word 135

一人勝ち

- アフターコロナで「日本が一人勝ち」する4つの理由
- しがないサラリーマンが行く！ 宝くじ10億円一人勝ちへの道

「勝つ」という意味に、勝利するのが一人だけという意味をのせて、より強いインパクトを狙います。スポーツや経済や婚活など、競争ごとを扱う記事におすすめ。一人勝ちする方法をレクチャーするハウツー記事も、読者から人気が集まります。

Word 136

逆に

- よかれと思ってやったのに…初心者がやりがちな「逆に損する投資法」
- 逆にモテる！「オタク男子」を結婚相手に選ぶ人が増えている背景

本来の方向・事態と反対であることを意味する言葉です。意外性を含むワードなので、タイトルにいい意味でギャップをもたらし、読者の反応を誘います。読者が思っていたことと逆の結果を紹介する記事は、新しい発見があって人気があります。

東 香名子　Kanako Azuma

ウェブメディアコンサルタント／コラムニスト

東洋大学大学院修了後、外資系企業、編集プロダクションを経て女性ニュースサイトの編集長に就任。アクセス数を650倍にするなど、女性ニュースサイトとしての実績を大きく伸ばした。

その後、フリーランスとして独立。現在は複数のウェブメディアで執筆中。執筆した記事は、東洋経済オンライン、プレジデントオンライン、文春オンライン、マネー現代で「総合1位」を獲得するなど、バズる記事を量産している。

テレビ・ラジオ出演などのメディア活動の傍ら、ウェブタイトルのプロフェッショナルとしてセミナーや講演活動、メディアのコンサルテーションを精力的に行う。

著書に『100倍クリックされる 超Webライティング 実践テク60』『100倍クリックされる 超Webライティング バズる単語300』（ともにPARCO出版）がある。
趣味は鉄道とクイズ。

▼オフィシャルサイト
https://azumakanako.com/

「バズる記事」にはこの1冊さえあればいい
超ライティング大全

2021年6月16日　第1刷発行
2022年1月26日　第3刷発行

著　者　東香名子
発行者　長坂嘉昭
発行所　株式会社プレジデント社
〒102-8641
東京都千代田区平河町2-16-1
平河町森タワー 13F
https://www.president.co.jp/
https://presidentstore.jp/
電話　編集 (03) 3237-3732 販売 (03) 3237-3731

ブックデザイン　三森健太 (JUNGLE)
編　集　渡邉崇　大島永理乃
DTP　キャップス
販　売　桂木栄一 高橋徹 川井田美景 森田巌 末吉秀樹
制　作　関結香

印刷・製本　凸版印刷株式会社